무농약 텃밭 채소재배 개정판

텃밭 채소재배

유철성 편저

수정 증보판을 내면서

옛날 어릴 적, 집 앞 채마 밭을 정성스레 가꾸시던 어머니의 모습이 떠오릅니다. 나는 따뜻하고 포근한 정과 싱그러운 웃음이 묻어나고, 어머니의 사랑이 담긴 채소밭을 텃밭채소라 부릅니다.
요즘 자연을 가까이하려는, 소위 '친환경적' 생활공간을 그리워하는 사람이 많이 늘어나고 있고, 그러한 욕구를 조금이라도 충족시키기 위하여 '텃밭'이나 '주말농장'을 취미 삼아 가꾸며 주말을 가족과 함께 보내는 분이 뜻밖에 많습니다. 도회지에 살면서도 우리 가족을 위해서 깨끗하고 맛있는 푸성귀를 가꾸려는 분들께 조금이라도 도움이 되고자 이 책을 펴냈는데, 그 이래로 많은 분으로부터 분에 넘치는 성원과 격려를 받아 왔습니다. 그래서 이번에 친환경 농업의 이해를 돕고, 실제 영농에 이용할 수 있는 환경농업자재 등을 크게 보완하여 다시 증보판을 내게 되었습니다.

이 책은 다음 몇 가지 사항을 염두에 두고 펴냈습니다.

① 채소를 처음 가꾸는 초보자부터 어느 정도 경험이 있는 분까지 안내서가 되도록 했습니다. 수록한 내용은 친환경 농업과 흙과 거름, 그리고 잎채소 15종, 잎줄기채소 5종, 열매채소 12종, 뿌리채소 6종 등 모두 38가지 채소에 대하여 그림과 사진을 곁들여 이해하기 쉽게 했습니다.

② 안전하고 맛있는 채소를 가꾸기 위해 흙과 거름의 성질, 흙과 거름을 사용하는 요령, 그리고 각 채소를 가꾸는 요령을 단계적으로 설명했습니다. 특히 누구나 알 수 있도록 쉽게 설명하느라 노력했고, 비슷한 설명을 중간중간에 넣었기 때문에 읽다 보면 저절로 이해하도록 했습니다.

③ 농작물이 있는 곳엔 항상 병과 벌레가 있는 법입니다. 지금까지는 농작물과 병을 대립적 개념(對立的 概念)으로 생각했는데, 나는 병과 벌레 또한 생태계의 한 요소라는 관점에서 보는 조화로운 관계(調和的 關係)로 설명했습니다. 특히 텃밭에서는 병과 벌레의 필요성이 커 농약이나 비료와 마찬가지 역할을 하고, 병이나 벌레가 채소와 공존해야 농작물이 잘 자란다고 설명합니다. 그래서 화학적으로 만든 농약보다 그 효과가 좀 떨어지는 재배방법인 목초액과 미생물제 같은 자연재료나 생활 주변에서 쉽게 구할 수 있는 것들을 소개합니다.

어려운 여건 속에서도 이 책 출간에 애써 주신 오성출판사 金重英 사장님과 직원 여러분의 살가운 정에 감사드리고, 초일류 농업을 위해 많은 격려와 용기를 북돋아 주신 김포시 농촌기술센터 직원 여러분께도 깊은 감사를 드립니다.

劉 哲 聖

CONTENTS

CHAPTER 01
친환경 농업이 왜 필요한가?

CHAPTER 02
무농약 텃밭채소 가꾸기의 기초지식

나는 따뜻하고
포근한 정과
싱그러운 웃음이
묻어나고,
어머니의 사랑이
담긴 채소밭을
텃밭채소라
부릅니다.

CHAPTER 01

친환경 농업이 왜 필요한가?

PART 01

친환경 농업이 왜 필요한가?

01 친환경 농업이란 무엇인가?

근래 백화점이나 대형마트는 '유기농산물(무농약재배·자연식품·건강식품·청정재배 등 모두 포함)' 코너를 설치해 운영하는 곳이 점차 늘어나고 있다. 이런 현상은 세계적으로 반공해의식(反公害意識)이 높아진 가운데 식품에 대한 첨가물이나 잔류농약(殘留農藥)이나 화학비료(化學肥料) 등에 의한 위해성(危害性)을 염려하는 분위기가 고조되고 있음을 단적으로 보여준다. 이처럼 소비자의 기호가 다소 비싸더라도 안심하고 먹을 수 있는 식품을 선호하는 경향으로 바뀌고 있다.

여름철 기온이 높고 비가 많아 공중습도가 높은 우리나라에서는 농약과 비료를 전혀 뿌리지 않는 농사법, 즉 소위 유기농업이나 자연농업은 그 조건이 이상적인데도 불구하고 현실적으로 실현하지 못하고 있다. 그래서 농약과 비료를 최대한 줄여 자연 생태계를 복원하기 위해 유기물 거름으로 사용하고, 농약은 목초액이나 한방 영양제 같은 대체 농약이나 미생물제 등을 이용해 그 사용을 줄여나가자는 운동이 일어나고 있다. 오늘날 이와 같은 농업 경향을 친환경 농업이라고 부른다.

02 우리나라의 농약과 비료 사용 실태는 어떠한가?

OECD가 발표한 '지속적인 개발을 위한 환경지표'란 자료에 의하면, 우리나라가 OECD 국가 중 단위면적당 농약과 화학비료 소비량이 가장 많은 나라로 되어 있다.

우리나라는 OECD 평균에 비해 농약을 4.6배나 더 뿌리고 있다. 더 심각한 것은 1995년까지 1위를 차지하던 일본은 24%가 감소한 반면, 우리나라는 오히려 25% 증가했다가 요즘 차츰 줄어드는 상황이다. 이러다간 우리나라는 세계 1위의 엄청난 환경파괴국가란 오명을 뒤집어쓸 것이다. 우리나라와 일본은 왜 농약과 비료를 이렇게 많이 써 왔는가? 이는 두 나라 모두 좁은 국토(농경지)에 많은 인구가 살다 보니 단위면적당 생산량 증대가 국가의 지상명령이 될 수밖에 없었고, 이를 위하여 노동과 자본 집약적 농업이 불가피했던 것이다. 그러나 생산량 증대를 위해 농약과 비료를 최대한 투입한 지금까지 농법은 환경파괴라는 엄청난 부작용을 가져와 원상회복은 요원한 일로 보인다. 일본은 이런 부작용을 일찍 깨닫고 계속 그 사용량을 눈에 띄게 줄이고 있는데, 우리나라도 줄이고 있다고는 하나 일부 뜻있는 사람만 그럴 뿐이지 아직 미미한 정도라 무서운 일이 아닐 수 없다. 이제 우리 전 농업인도 이 심각성을 깊이 인식하고, 농작물 생산에 농약과 비료 사용량을 점차 줄이는 노력이 절실하다.

03 우리나라 친환경 농업 현황

70년대 한국유기농업협회에서 안전농산물 생산, 자연환경과 생태계 보전 목표의 일환으로 생산자와 소비자를 연계하면서부터 친환경 농업이 조금씩 발전해 왔다. 또 96년 7월에는 농림부에서 '21세기를 향한 농림수산 환경정책'을 입안해 97년 12월에 비로소 환경농업육성법을 제정하기에 이르렀다. 현재 친환경 농업 관련 단체가 친환경 농업을 장려하기 위해 목초액, 한방 영양제, 청초액비, 키토산, 토착 미생물 사용법을 보급하고 있고, 이들 자재에 대한 과학적인 검증은 미흡하지만 어느 정도 효과는 나타나고 있다. 그러나 이 좋은 취지에도 불구하고 실제 응용하는 데는 여러 어려움이 있어 참여하는 농가는 미미한 상태이다.

04 친환경 농업의 좋은 점과 문제점

1) 좋은점

㉠ 흙을 기름지게 한다. 흙에 미생물과 유기물과 영양분이 많아진다.

㉡ 흙의 물리성(物理性)을 좋게 한다. 물을 함유하는 성질(보수력·保水力), 비료 성분을 간직하는 힘(보비력·保肥力), 흙 속에 산소는 들어오고 탄산가스는 배출되는 성질(통기성·通氣性)이 좋아진다.

㉢ 환경보전·흙 침식을 방지한다.

2) 문제점

㉠ 친환경 농업을 실천하는 기술은 다양하나 아직 작물별로 체계화된 시험성적이나 기술이 정립되어 있지 않다.

㉡ 활용 자재의 제조와 사용방법에 대한 확실한 성적이 체계화되어 있지 않아 일관된 효과를 기대하기 어렵다.

㉢ 퇴비 등 유기물을 지나치게 많이 쓰는 농가가 많다. 일부 농가에서는 양분의 과다 집적이나 일부 성분의 결핍으로 인한 피해 발생 등을 우려하는 목소리가 높다.

㉣ 문제 잡초나 병해충이 발생했을 때 그 대책 마련이 쉽지 않다. 유기농 농약은 대체로 농약보다 효과가 낮으며, 만들어 쓴다손 치더라도 시간과 노력, 경제적 비용이 훨씬 많이 든다. 식물 생리와 병해충에 대한 기본 지식이 없으면 품질과 수량 면에서 상당한 손실을 입을 수 있다.

05 친환경 농업을 위한 천연자재 종류와 기대효과

현재 우리나라에도 친환경 농업을 위한 천연자재가 여러 종류 있으나 그 대표적인 것을 가려보면 대체로 아래 표와 같다. 그러나 목초액, 키토산, 효소제(시판 미생물제) 등과 같이 종류가 많은데, 정확한 제조과정과 원료, 성분함량 등은 아직 제대로 밝혀지지 않은 채 유통되고 있는 실정이다. 사용자는 무조건 판매자의 이야기만 듣지 말고, 전문가의 조언을 참고하고 선택해야 경제적 이익을 얻을 수 있다. 그리고 기대효과도 절대적인 것으로 믿을 것까진 없다고 생각한다. 이것만 사용하기보다는 비료와 퇴비를 적절히 쓰면서 천연자재를 활용하는 지혜와 기술을 쌓아야 한다. 또 아래 천연자재 효과는 써 본 사람의 대체적 의견을 종합한 것이지 국가기관의 공인을 받은 것이 아님을 확실히 밝힌다.

목초액 : 병해충 예방, 건전 생육, 저농약 품질향상.
숯 : 토양 물리성과 미생물 종류 개선, 토양장해 극복, 작물생육 촉진.
한방 영양제 : 병해 예방, 작물생육 촉진, 품질향상.
천혜 녹즙 : 작물 건전생육, 병해 방제, 품질향상.
토착 미생물 : 유효미생물 증식, 생육 촉진, 축사 악취감소.
키토산 : 생육 촉진, 병해충 예방, 품질향상.
현미식초 : 병해 예방.
유산균 : 유효미생물 강화, 잡초 방제, 자연 경운 효과.
효소제 : 연작피해 경감, 품질향상.

1) 목초액

① 뜻

참나무 등 넓은잎나무를 숯으로 만들 때 나오는 연기에 들어 있는 수백 가지의 나무 성분을 냉각시켜 물로 만든 것.

② 형태

진한 붉은 갈색에 약간 새큼하면서도 연기 냄새 같은 향기가 난다. 6개월~1년 정도 숙성해 정제하면 밝은 갈색인 양주 색깔이 된다.

③ 효과(연구·사용하는 사람의 주장)

㉠쓰임새

· 농작물 품질 향상, 농약과 물비료 효과증진, 병해 예방·방제, 신선도 유지, 방부제, 축사 악취 제거 등.

농약·비료 효과증진 → 경영비 절감

·강한 침투력 발현으로 효과증대 : 농약, 비료 절감.

·사용 농가 예 : 농약 1,000배 → 2,000배(농약 20 → 10cc/물 20ℓ) + 목초액 40~80cc(500배~250배) 물비료도 기존 사용량의 1/2을 줄이면 효과 동일.

㉡ 농약 사용보다 안전성 확보로 위험 감소(사람과 동물, 작물)

·목초액은 음이온으로 비료나 농약 같은 양이온을 흡수.

·강력한 탈취력으로 농약 냄새 제거.

·사용 농가 이야기 : 농약 냄새가 없어 농약 살포 때 공포 해방.

㉢ 토양 소독과 개량

·주사기로 토양에 주입하면 토양 살균 후 분해되면서 영양원으로 변화.

·염류 장해와 토양 병해충 예방.

㉣ 발근과 발육 증진

·유용 미생물 증식 → 발근·발육 증진, 잎 광택, 두께 증가로 동화작용 활발하다.

·탄소동화작용 증진 → 당도, 착색 향상, 수량 증가.

㉤ 불량 환경 저항성 향상

·시설재배 시 염류 집적, 가스발생 억제, 불량 기상 등 환경 저항성 증대.

㉥ 퇴비 발효제로 이용

·발효 속도 2배 증가, 가스 장해 완화 → 퇴비의 양질화.

④ 이용방법

㉠ 단용(單用)

잎에 뿌림, 토양 주사.

㉡ 혼용(混用)

물비료: 비료 사용량 반으로 줄임.

㉢ 사용횟수

·단용: 생육기마다 사용(대체로 1작당 3~5회 정도).

·물비료 혼용: 살포 때마다.

2) 숯

① 효과

㉠ 내부에 작은 구멍이 아주 많아(나무의 물관, 체관 자리) 숯 1g당 표면적이 60~100평 정도로, 보수력·보비력과 토양 물리성을 개선해 수확이 많음.

㉡ pH(산도)가 9 정도의 알칼리성 자재로 산도 교정 효과 기대.

㉢ 가리, 인산, 석회, 고토 등 비료 성분이 있어 토양개량.

㉣ 고추의 경우 10a당 숯가루(콩알 크기 정도의 가루) 400㎏을 뿌리면 안 뿌린 것에 비해 역병 피해 줄고 수확은 18% 늚.

㉤ 벼농사에서는 수량 증가 없었음.

㉥ 토마토는 당도가 0.2도 높고 당산비(糖酸比)가 높아지는 경향이 있음.

㉦ 보리는 10a당 300㎏ 주면 수확은 10% 증가함.

· 숯덩이는 큰 것보다 작은 것이 더 효과가 좋은데, 숯덩이를 시멘트 바닥에 깔고 트랙터 등으로 밟아 잘게 부수는 방법이 먼지와 작업능률 면에서 효율적이다.

3) 한방 영양제와 녹즙

① 뜻

각종 한약재와 농산 부산물을 발효시켜 만든 액을 잎에 살포하거나 토양에 주사한다.

② 만드는 방법

㉠ 대두 3말들이 항아리 1개, 2말들이 2개 준비. ㉡ 3말들이는 당귀 2㎏, 2말들이는 계피 1㎏, 감초 1㎏을 각각 넣는다. ㉢ 막걸리를 재료가 잠길 정도로 붓고 1차 발효를 시킨다(여름 7일, 겨울 10일). ㉣ 다시 흑설탕을 재료와 같은 양을 넣고 2차 발효를 시킨다(기간 같음). ㉤ 소주를 당귀에는 대두 2말, 계피와 감초에는 각 대두 1말씩 붓고 3차 발효시키면 완성된다(기간 같음).

③ 사용법

㉠ 당귀, 계피, 감초액을 2 : 1 : 1로 섞어 잎에 뿌리거나 토양에 주사한다.

④ 효과(사용 농가 주장)

㉠ 생육을 건전하게 하여 병해 발생이 적어진다.

㉡ 품질이 향상된다.

⑤ 참고

녹즙은 쑥, 미나리, 각종 농산 부산물(오이, 곁순 등)과 흑설탕을 같은 무게로 재었다가 15~20일 후 녹즙만으로 쓴다.

4)토착 미생물과 배양체

① 토착 미생물(土着微生物)

시판하고 있는 여러 수입 미생물제와 달리 신토불이(身土不二) 정신에 따라 우리나라 삼림의 활엽수 아래에 있는 부엽토에서 채취한 미생물을 말하는데, 만드는 방법과 사용요령은 다음과 같다.

② 토양 미생물 원균 채취

㉠ 고두밥을 담은 나무 도시락이나 몇 겹으로 싼 망사 자루를 활엽수(참나무, 아카시아 등)가 무성한 숲 부엽토 속에 묻어 1주일 정도 둔다.

㉡ 이때 쥐나 새 같은 동물 피해를 막기 위해 눈이 작은 철망으로 덮는다.

㉢ 1주일쯤 지나면 하얗게 곰팡이(미생물)가 피는데 이것을 원료로 한다.

③ 배양체 만드는 방법

㉠ 토착 미생물의 배양: 쌀겨 1포대(30kg) + 흑설탕 3kg + 원료(미생물 배양 고두밥) 3kg을 잘 섞는다. 이때 물은 60% 정도로, 쌀겨 등을 섞은 것을 주먹으로 쥐었을 때 손가락 사이로 물이 조금 배어날 정도로 옛날 술누룩 만드는 정도면 알맞다. ㉡ 보온 덮개나 이엉 등(비닐은 부적당)으로 덮어 둔다. ㉢ 며칠 지나 흰곰팡이가 피고 열이 60℃ 정도 되면 물을 조금씩 뿌리면서 뒤집는다. ㉣ 위와 같이 2~3회 더 섞고 다시 덮어 두면 쌀겨에 흰곰팡이가 고루 피고 온도가 더는 오르지 않는데, 그러면 완성된 것으로 본다.

④ 쓰는 방법 및 효과

㉠ 고추 생육과 수량

·화학비료를 50% 줄이고 토착 미생물 배양체를 10a당 300㎏ 주면 화학비료 100% 주고 키운 것과 같음.

·토마토 재배 시 배양체 600㎏만 주고 다른 비료는 주지 않으면 비료 준 곳의 90% 생산.

·부추: 화학비료는 50% 줄이고 배양체를 300㎏ 주면 수량은 2배 더 늘어남.

⑤ 참고

㉠ 토착 미생물은 밭에 유기물이 많거나 퇴비를 많이 준 곳에 효과가 더 크다.

㉡ 시중에서 판매하는 미생물제도 효과 비슷함.

VEGETABLE GARDEN

CHAPTER 02

무농약 텃밭채소 가꾸기의 기초지식

PART01

좋은 밭 흙

01 뿌리의 발달에 중요한 입단구조(粒團構造: 떼알구조)

대부분의 흙은 바위가 수억 년 동안 눈, 비, 추위와 더위 등에 의해 풍화한 것으로 모래나 점토(粘土, 진흙)로 이루어져 있다. 그러나 이 흙 본디 상태는 단순한 흙과 모래로만 이루어져 있어 굳어지기 쉬우므로 작물이 제대로 자랄 수 없다. 채소를 가꾸기에 좋은 흙이란 흙이 적당히 부드러워 뿌리가 잘 뻗을 수 있고, 자라는 데 알맞은 양분과 물기(수분), 그리고 공기(특히 산소)가 골고루 들어 있어야 한다. 그래서 일반적인 텃밭 흙은 비가 오거나 물을 많이 주어도 어느 정도 시간이 지나면 물이 잘 빠져나가야 하고, 햇볕을 오래 쪼여도 물기가 말라서 흙이 푸석푸석해지거나 단단해지지 않고 물기를 어느 정도 머금고 있어야 한다. 입자가 아주 가늘고 고운 모래나 점토만 있는 밭에 유·무기물질(퇴비나 생풀·음식물 찌꺼기 등 유기물질뿐만 아니라 굴, 조개껍데기 등 모든 동·식물을 포함한다)을 넣는 것은 비료 효과뿐만 아니라 앞쪽 그림과 같이 흙의 입단구조를 발달시켜 위에서 설명한 상반되는 2가지 조건을 충족시키기 위함이다.

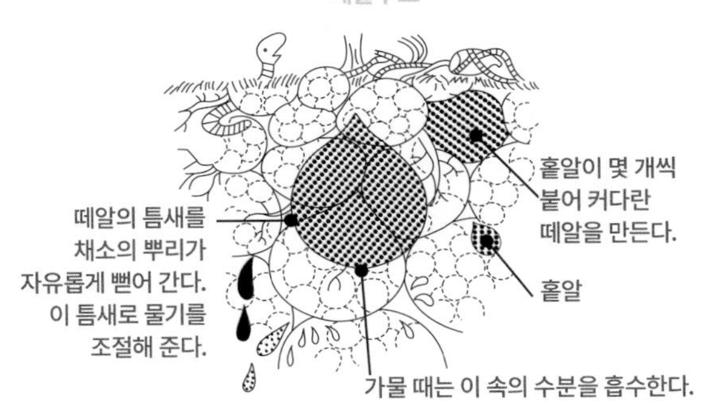

[그림 1] 흙의 떼알과 홑알 구조

실제로 오랫동안 퇴비를 적당하게 넣은 밭 흙은 푹신푹신하여 비를 맞아도 쉽게 굳어지지 않는다. 또 맑은 날이 계속되어도 겉흙을 약간 제거하면 촉촉한 흙이 나타나며, 장마철에 물이 고이지 않고 잘 빠져나간다. 그리고 흙 속에는 붉은 지렁이를 비롯한 여러 종류의 작은 생물이 많아 흙을 더욱 기름지게 한다. 유기질이 분해되는 과정에서 미생물의 활동도 활발해지므로 괭이나 삽으로 흙을 일굴 때도 그리 힘들이지 않아도 잘 파지고 깨어져서 뿌리가 건강하게 자라며, 비료 흡수도 좋아지기 때문에 작물이 건강하게 잘 자라 병해충에도 강하고 맛과 영양도 풍부하다. 그래서 식물이 잘 자랄 수 있는 토양은 흙 알갱이(고상, 固相), 흙 속의 공기(기상, 氣相), 흙 알갱이 사이에 있는 수분(액상, 液相)의 3상 비율(三相比率)을 50 : 25 : 25 정도로 구성하는 것이 가장 이상적이다. 이렇게 설명하면 흙 알갱이와 흙 속 수분의 중요성은 쉽게 이해하겠지만, 간혹 공기(산소)는 왜 필요한지를 의심하는 분이 있다.

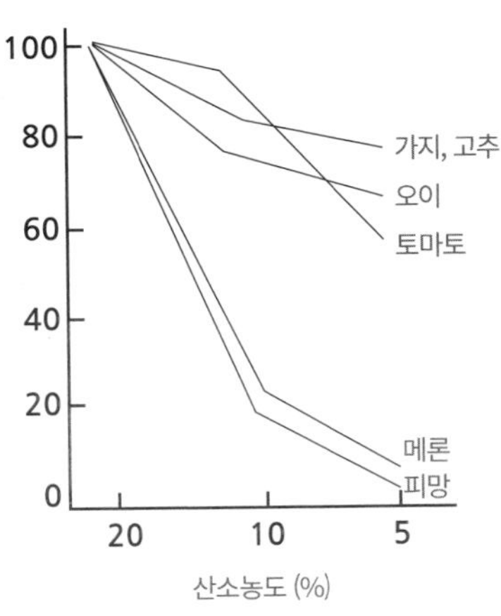

[그림 2] 흙속의 산소농도와 채소무게

[그림 2]에 나타난 흙 속의 산소농도와 채소 무게를 참고하여 설명하자면, 멜론이나 피망(요즘은 파프리카, 단고추라고 한다) 같은 것은 흙 속 산소농도가 20%이면(공기 중의 산소농도는 21%임) 식물체 전체 무게는 100%이다. 산소농도 10%이면 무게는 20%이고, 산소농도가

5%일 때는 채소 무게가 10%에도 미치지 못한다. 이것을 보면 흙 속 산소의 많고 적음이 얼마나 중요한가를 알 수 있다. 대체로 산소 요구도가 적은 고추나 가지도 산소농도가 10% 이하로 떨어지면 수량도 10% 정도 떨어진다. 그래서 흙 속 공기 흐름을 좋게 하기 위하여 퇴비 등 유기물을 많이 넣고, 이랑을 만들 때도 높게 만들고, 밭일을 할 때도 작물이 자라는 이랑 흙을 밟지 않는 법이다. 가장 대표적인 것이 고구마나 감자, 무, 당근 등 뿌리채소 이랑이다.

02 산성흙이란 무엇인가?

오래전부터 우리나라 논밭은 유기물을 적게 넣고, 금비(金肥, 화학비료)를 많이 썼기 때문에 흙이 산성화되었다고 걱정하고 있다. 그럼 흙이 산성(酸性)으로 되었다는 것은 어떤 의미일까? 화학적으로 볼 때 산도(酸度, 수소이온농도)는 0부터 14까지 있으며 그 중앙인 7이 중성(中性)이고, 그 아래인 6.9~0은 산성, 그보다 높은 7.1~14는 알칼리성(염기성, 鹽基性)이라고 한다. 그리고 이를 모두 합쳐 토양반응(土壤反應), 산도 또는 pH라고 한다. 우리나라 흙은 대부분 산성인데, 그 이유는 흙을 이루는 모암(母岩)이 산성을 띠는 화강암 계통이라 숙명적이라 해도 과언이 아니다. 그리고 눈과 비도 많아 흙 속 석회(石灰)나 고토(苦土, 마그네슘) 같은 알칼리성 물질이 물에 씻겨 나가 흙 성질이 산성으로 되어 가는 것이다. 채소는 종류에 따라 산성이나 알칼리성 흙에 대해 좋고 나쁨이 있다. 대개 작물은 중성이나 약산성인 pH 6.0~6.5 땅에서 잘 자라며, 산성이 강해질수록 잘 자라지 못하고 생육에 지장을 준다. 특히 시금치, 완두콩 같은 것이 민감한데, 시금치를 심어서 잘 자라지 못하는 밭은 산성토양이라고 봐도 좋다.

[그림 3]은 pH 차이에 따른 비료 원소의 용해도(溶解度, 흙 속 비료 성분을 채소가 잘 빨아먹는 상태)를 나타낸 것이다. 그림 속 굵은 부분은 잘 녹아 나온다는 뜻이고 가늘어질수록 흙 속에 든 비료 성분을 농작물이 이용하기 어렵다는 의미이다. 이 그림에서 석회(칼슘)와 고토(마그네슘)는 알칼리성 쪽에서 잘 녹아 나오는 성분임을 알 수 있듯이 흙의 산성화를 막기 위해서는 이들 성분을 적당히 주어야 한다. 또 그림의 대체적인 비료 성분은 pH 6~7 정도에서 그 굵기가 크다. 즉, 질소, 인산, 가리 등 식물의 3대 영양

소는 적어도 pH 6.0 이상이어야 제대로 녹아 나온다는 것을 알 수 있다.

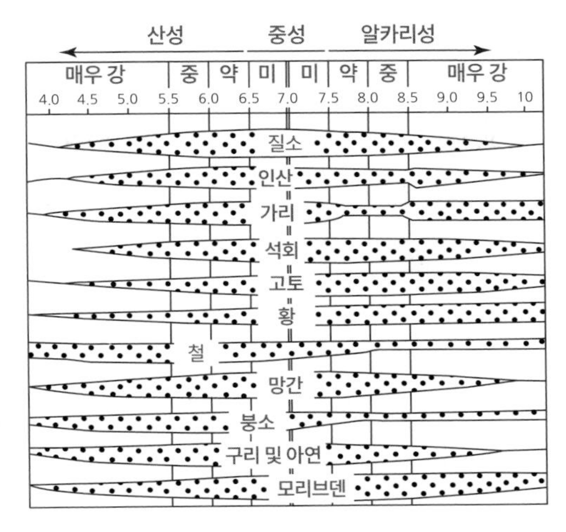

[그림 3] pH 차이에 따른 비료 원소의 용해도

흙을 중성에 가깝도록 만들기 위해서는 석회비료를 주어야 한다. 소석회비료인 석회고토비료나 규회석비료를 보통 30평에 12~15kg 정도(1포대는 20kg)를 고루 뿌리고 밭을 갈아엎는데, 3년마다 한 번씩 주면 좋다. 석회비료를 대신할 수 있는 것이 우리 주변에는 의외로 많다. 부엌에서 나오는 달걀 껍데기, 굴·조개·고동 껍데기, 각종 생선 부스러기, 동물 뼈 등은 좋은 석회비료이다. 또 연탄재(pH 7)나 나뭇재(pH 8) 등도 밭에 뿌려주면 쓰레기 처리도 되고 밭도 기름지게 한다. 참고로 주요 채소의 토양 적응성은 다음 표와 같다.

[표 1] 채소와 산성흙의 관계

산성에 견디는 정도	주요 채소
약한 것	시금치, 완두, 멜론, 상추, 양상추
약간 약한 것	콩, 양배추, 셀러리, 오이, 양파, 파, 토마토, 참외, 무, 순무
약간 강한 것	쑥갓, 들깨, 배추, 옥수수, 호박, 고추, 당근, 고구마, 토란
강한 것	감자, 딸기

위 표에서 고추를 산성에 약간 강한 것으로 분류해 두었는데, 이 말이 고추를 산성 땅에 가꾸는 것이 좋다는 뜻은 절대로 아니다. 앞에서도 설명했듯이 채소는 pH 6.5 정도 약산성일 때 생육이 가장 좋은데, 산성이 어느 정도 되어도 견디는 힘이 약간 강하다는 뜻일 뿐이다.

03 흙도 봄철엔 검정(檢定)해야 한다

사람이 종합건강진단을 받듯이 밭 흙도 1년에 한 번씩 검정(흙 성질을 분석)하고 그 결과에 따라 거름을 주는 것이 좋다.

1) 흙 검정할 시료(試料) 뜨는 방법

검정할 흙을 시료라고 하며 보통 200㎖짜리 우유 팩 1개 정도 분량이면 된다. 시료는 밭 5~10곳에서 흙을 뜨는데 겉흙 2~3㎝쯤은 걷어 내고 그 아래 갈이흙 15㎝ 정도 깊이에 있는 흙을 조금씩 고루 파낸다. 이것을 모두 모아 잘 섞어 신문지 등에 펴서 말린 다음 잘게 부수어 비닐봉지에 넣는다.

2) 검정 의뢰 방법

검정할 흙이 준비되면 밭 주인 이름과 주소, 전화번호, 밭 지번과 넓이, 심으려는 채소 이름 등을 종이에 써서 시료 봉투에 넣거나 봉투에 직접 써도 된다. 흙 검정은 가까운 농업기술센터에서 무상으로 해 주고 있으니 채소재배 기술도 배울 겸 흙을 가지고 직접 가서 의뢰해도 된다. 이때 검정해 주는 항목은 대체로 흙의 산도(pH), 유기물 함량(OM), 주요 비료 성분(질소, 인산, 가리, 석회, 마그네슘 등)과 흙의 양이온 치환 용량(흙 알갱이가 석회, 고토, 가리질을 흡수할 수 있는 능력으로 간단히 말해 흙이 기름진 정도이다)이다. 의뢰자가 요구할 경우 염류농도(鹽類濃度, 비닐하우스처럼 비를 막는 지붕이 있는 곳은 농사를 여러 해 지으면서 가축 두엄과 비료가 빗물에 쓸려나가지 못하고 흙에 그대로 쌓여 채소가 잘 자라지 않는데, 그 정도를 나타낸 수치)도 검사할 수 있다. 아울러 시비처방서(施肥處方書)라고 하여 그 땅에 알맞은 거름과 그 양, 그리고 주는 방법도 알려주니 잘 이용하면 여러 도움을 받을 수 있다.

PART 02

비료의 기초

01 농작물과 비료

식물의 몸을 구성하는 원소(비료 성분)는 30가지가 넘는데, 이들 중 중요한 것을 16가지로 보고 있다. 이들 각종 비료 성분은 자연 상태에서 채소가 자라는 데 부족하기 때문에 우리가 인공적으로 보충해 주는 것이다. 질소(N), 인산(P), 가리(K)를 비료의 3요소(要素)라고 하고, 여기에 석회(Ca, 칼슘), 고토(Mg, 마그네슘)를 더하여 5요소라고 한다. 그리고 유황(S)을 더해 6가지를 다량원소(多量元素)라고 한다.

비료 성분 이름을 간혹 다르게 표기하는 경우가 있다. 특히 가리를 칼리라고 하는데 영어 칼륨(Kalium)에서 '칼리'만 떼어 내 표기하는 건 아닌지 모르겠다. 그래서 이 책에서는 질소나 인산이 한자식 표기인 것과 같이 이것도 한자식으로 가리(加里)로 쓴다. 그리고 석회는 칼슘, 고토는 마그네슘의 우리식 표기인지라 칼슘은 석회로, 마그네슘은 고토로 표기하므로 착오 없기 바란다.

이외에도 철(Fe), 망간(Mn), 구리(Cu), 아연(Zn), 붕소(B), 몰리브덴(Mo), 염소(Cl) 등 원소는 적은 양이긴 하지만 없어서는 안 되므로 미량원소(微量元素)라고 한다. 그중 단 하나라도 부족하면 생육이 나빠진다. 사람으로 비유하자면 비타민과 같다고 할 수 있다. 그러므로 이들 요소 모두 균형 있게 지닌 식물을 주체로 해서 퇴비를 만들거나, 유기질을 흙에 뿌리는 것이 비료를 쓰는 기초이다. 유기질비료는 대체로 질소, 인산, 가리가 고루 들어 있지만, 특히 더 많은 성분을 중심으로 분류할 수 있다. 예를 들면, 깻묵 종류는 질소질, 뼛가루는 인산질, 쌀겨는 질소와 인산질, 질소 나뭇재는 인산과 가리질 성분이 많다. 이것을 알면 웃거름(추비, 追肥)을 줄 때 도움이 될 뿐만 아니라, 퇴비를 만들 때도 흙에 맞춰 조절할 수가 있다.

질소, 인산, 가리는 주로 그림과 같은 작용을 하므로 잘 기억해 두었다가 작물을 재배할 때 활용하면 많은 도움이 된다.

3요소는 서로 간에 밀접한 관계를 가지고 제각기의 작용을 한다.

질소가 하는 일
엽록소를 만들며 줄기와 잎을 무성하게 한다.
※ 잎, 줄기를 목적으로 하는 채소에 많이 쓴다.

인산이 하는 일
식물이 자라는 부분에 필요하며 꽃을 잘 피게 하고, 과실을 만든다.
※ 과실을 목적으로 하는 채소에 많이 쓴다.

칼리가 하는 일
단백질, 전분을 만들며, 식물체를 튼튼하게 한다.
※ 고구마, 감자나 과실을 만드는 채소에 많이 쓴다.

균형있게

[그림 4] 비료 3요소의 주요 작용

02 유기질 거름과 화학비료(금비)

우리가 이야기하는 비료란 이렇게 유기질비료뿐만 아니라 화학적으로 만든 금비를 포함한다. 요즘 일부에서 채소를 유기질비료인 가축 두엄이나 퇴비 같은 것으로만 가꾸어야 좋은 것인 양 이야기하고 있는데, 이것이 반드시 옳다고 하기는 어렵다.

1) 속효성 비료와 지효성 비료와 완효성 비료

퇴비를 흙에 넣으면 그 속에 든 비료 성분은 채소가 빨아들일 수 있는 형태로 바뀌어야 한다. 예를 들어, 질소질인 경우는 암모니아태(態)나 초산태(態)로 바뀌어야 하는데, 퇴비는 원래 유기태(有機態)이기 때문에 몇 단계의 분해과정을 거쳐야 비로소 바뀐다. 이처럼 비료 효과가 늦게 나타나는 비료를 지효성 비료(遲效性肥料)라고 한다.

이에 비하여 유안(硫安)이란 질소질 비료는 암모니아태 질소이고, 초안이란 비료는 초산태이므로 흙에 주면 채소가 빨아먹어 효과가 바로 나타나므로 속효성 비료(速效性肥料)라고 한다. 보통 화학비료는 대체로 속효성 비료라고 할 수 있다. 그러나 요즘은 공업 발달로 빨리 녹지 않는 물질로 화학비료 겉을 싼 피복비료(被覆肥料)를 만들고 있다. 이들 비료는 밑거름(심기 전에 주는 거름)으로 한 번만 주면 그 작물을 거둘 때까지 다른 비료를 주지 않아도 된다. 이들은 완효성 비료(緩效性肥料)라고 하는데 벼농사에 실용화하고 있다. 그러나 중요한 점은 퇴비나 화학비료인 유안이거나 간에 채소가 흡수하는 먹이라는 점은 똑같다. 그래서 채소를 가꿀 때 유기질비료와 화학비료를 적절히 혼합해 써야 제대로 잘 자란다.

퇴비와 같은 유기질비료를 주로 주고, 부족분은 화학비료로 보충하는 것이 좋다. 비료는 가까운 농협에 가면 살 수 있는데 성분량은 다음과 같다.

[표 2] 주요 비료의 종류와 성분

성분	비료	성분비율(%)	쓰임새
질소질	요소	46	밑거름, 웃거름
	유안	20	밑거름, 웃거름
인산질	용성인비	20	밑거름
	용과린		인산질 외에 규산, 석회, 고토 등 함유
가리질	염화가리	60	밑거름, 웃거름
	황산가리	50	밑거름, 웃거름
복합비료	원예용	11-10-10-3-0.3 (질소-인산-가리- 고토-붕소)	밑거름 전용
	벼 밑거름용	21-17-17	채소 밑거름으로도 좋다.
	벼이삭 거름용	18-0-18 (질소, 가리)	열매채소 웃거름 줄 때 쓰면 좋다.
	쌀맛나	11-6-6-4-20-14-0.1 (질소-인산-가리-고토-석회-규산-붕소)	· 벼농사 밑거름용이나 채소 밑거름용으로도 좋다. · 고토, 석회, 규산, 붕소 등이 있어 토양 개량제의 효과가 크다.
토양 개량제	규산질 비료	25-40-2 (규산-석회-고토)	벼농사 밑거름용 토양 개량제
	석회고토	53-15 (석회-고토)	밭농사 밑거름용 토양개량제

2) 단비와 복비

요소, 유안처럼 성분이 한 가지만 든 비료를 단비(單肥)라고 하고, [표 2]처럼 숫자가 2가지 이상인 것을 복합비료(複合肥料)라고 한다. 복합비료의 성분비율은 질소인산가리 순이다. 보통 복합비료는 밑거름용으로 쓰고, 단비(특히 질소질 비료)는 웃거름용으로 많이 쓴다. 화학비료를 줄 때는 성분이 짙기 때문에 조금씩 주어야 한다. 한꺼번에 많이 주면 채소가 2~3일 안에 모두 죽을 수도 있다.

3) 밑거름과 웃거름

비료는 씨앗을 뿌리거나 모종을 심기 2주일쯤 전에 주는 밑거름과 자라는 도중에 포기 사이에 2~3번 주는 웃거름이 있고, 그 비율은 채소에 따라 다르나 대체로 밑거름 40~50%, 웃거름 50~60%쯤 된다. 그리고 웃거름을 덧거름이라고도 하나 이 책에서는 웃거름으로 통일한다.

4) 비료 성분과 주는 양 계산하는 요령

앞 [표 2]에 성분비율(%)이란 말이 있다. 함량(含量)이라고도 하는데, 예를 들어 질소란 거름 중에서 요소는 46%이고 유안은 20%이다. 먼저 포대 하나에 든 그 비료 총 함량을 계산하는 공식은 '무게×해당 비료의 성분율÷100'인데 간단히 '성분율÷100'은 성분율 앞에 '0'으로 하여 성분율은 소수점 이하로 처리해 버리면 편하다. 예를 들어 요소는 46%이니 0.46으로, 유안 20%는 0.20인 셈이다. 이를 염두에 두고 요소와 유안의 성분량은 다음과 같다. 20kg 1포대 속에 든 질소질 성분량은 요소에는 9.2kg(20kg×0.46%=9.2kg)이고, 유안 1포대에는 4kg(20kg×0.20%=4kg)이다. 이것으로 보면 요소는 유안보다 질소질 성분이 2.3배나 많이 들어 있음을 알 수 있다. 우리가 음식을 조리해 먹을 때도 영양가와 칼로리를 비교하고 따져보듯 텃밭에 거름(유기질 퇴비나 금비)을 줄 때도 꼭 성분량을 먼저 살펴보아야 한다.

[표 3] 주요 텃밭채소의 표준 거름주는 성분 기준량 (kg/300평)

채소	질소	인산	가리
상추	20	6	13
배추	32	8	20
고추	19	11	15
토마토	24	16	24
오이	24	16	24
딸기	19	6	11
참외	25	8	16

채소	질소	인산	가리
수박	20	6	13
마늘	25	8	13
양파	24	8	15
당근	20	10	12
무	28	6	15
생강	24	9	7

위 표는 농촌진흥청에서 전국의 밭 흙 비옥도(肥沃度) 조사와 채소가 자라는 정도 등을 여러 가지로 종합하여 정한 기준이다. 이 표를 보면 대부분 채소는 질소질 성분을 가장 많이 필요로 하고, 가리가 그다음이고, 인산은 주는 양이 적음을 알 수 있다. 그러나 이것은 어디까지나 표준적인 기준이므로 이대로 따라서 하라는 것은 아니다. 지역과 땅의 비옥도는 조금씩 다르니 경험과 관찰력으로 판단해야 한다.

5) 비료 주는 양 계산하는 법

배추 재배에 필요한 성분인 질소 32kg, 인산 8kg, 가리 20kg을 거름으로 계산하면 도대체 얼마인가 하는 의문이 들 것이다. 우선 [표 2]에 나타난 요소(46%), 용성인비(20%), 황산가리(50%)로 계산하면 다음과 같다.

· 질소 32kg = 요소 69.5kg(32kg÷46%×100=69.5kg)

· 인산 8kg = 용성인비 40kg(8kg÷20%×100=40kg)

· 가리 20kg = 황산가리 40kg(20kg÷50%×100=40kg)

위 수식을 보면 알겠지만 필요한 비료를 찾는 공식은 '성분량÷주려는 비료의 성분율×100'이다. 이것으로 배추 300평을 재배하는 데 필요한 비료량은 요소 69.5kg, 용성인비 40kg, 황산가리 40kg이다. 그러나 실제 재배할 때는 그렇게 간단하지 않다. 밑거름을 줄 때 쌀겨나 깻묵 발효시킨 것이나 소나 돼지 분뇨를 줄 수도 있고, 금비를 준다고 해도 요소나 황산가리 같은 단비가 아니라 원예용 복합비료나 쌀맛나를 줄 수도 있으니, 문제가 상당히 까다로워진다. 그러나 세상일이 원칙대로만 굴러가는 것이 아니듯이 채소 가꿀 때 주는 비료도 유기질 거름을 주로 하고 웃거름으로 금비를 조금씩 주며 가꾸어도 큰 문제가 없다. 이는 밭 흙이 가진 무한한 잠재능력과 유기질 거름의 효과 때문이다. 참고로 주요 유기질 거름의 비료 성분은 다음과 같다.

[표 4] 주요 유기질 거름 성분 (단위:%)

거름	수분	질소	인산	가리	석회	고토
유채깻묵	12.6	5.0	2.0	1.0	0.9	0.3
콩깻묵	7.4	6.0	1.0	1.0	0.4	0.2
참깻묵	10.8	5.0	1.0	1.0	0.5	0.5
마른볏짚	14.3	0.6	0.1	0.8	0.3	0.2
마른 옥수숫대	15.0	0.5	0.4	1.6	0.5	0.3
우분(생)	80.0	0.4	0.4	0.4	0.3	0.2
우분(마름)	28.0	1.6	1.8	1.7	1.6	0.8
돈분(생)	69.0	1.1	1.7	0.5	1.3	0.5
돈분(마름)	24.0	2.6	4.6	1.5	3.3	1.2
계분(생)	74.0	2.2	1.9	1.1	4.0	0.5
계분(마름)	19.0	3.0	5.2	2.4	9.1	1.2

03 텃밭 가꾸기에 필요한 비료

잎과 줄기를 자라게 하는 질소질 비료, 꽃이 잘 피고 열매를 잘 맺게 해 맛을 좋게 하는 인산질 비료, 뿌리와 열매를 잘 자라게 하는 가리질 비료, 그리고 석회·고토 등이 있는데, 이들은 모두 균형에 맞춰 줘야 한다.

1) 성분별 비료의 종류

이들 성분을 보다 자세히 설명하면 다음과 같다.

① 질소

잎과 줄기를 잘 자라게 한다. 지나치게 많이 주면 너무 무성해져 병과 벌레가 많아지고 맛이 떨어진다. 배추·상추 같은 잎채소에 좋다. 그러나 콩, 강낭콩, 완두 등 콩과 채소나 토마토 등 열매채소나 무 같은 뿌리채소에는 너무 많이 주면 좋지 않다.

② 인산

뿌리나 열매를 좋게 하여 뿌리 자람을 좋게 해 주고, 식물조직을 튼튼하게 하여 병과 벌레에 대한 저항력을 키운다. 꽃이 잘 피게 하고 열매가 잘 맺히게 해 맛을 좋게 한다.

③ 가리

콩과 같이 열매를 맺는 채소와 뿌리채소에 필요하다. 식물조직을 튼튼하게 해 추위와 더위, 병과 벌레에 대한 저항력을 길러준다. 그러나 질소비료와 마찬가지로 한꺼번에 너무 많은 양을 주면 석회나 고토(마그네슘) 흡수를 억제해(이를 길항작용이라 한다) 성분 결핍 증상을 일으킨다.

④ 석회(칼슘)

식물체에서 산성을 중화시키고 몸을 튼튼하게 한다. 흙의 산성도 중화한다.

⑤ 고토(마그네슘)

인산질 비료의 흡수를 돕고 엽록소(葉綠素)를 구성하는 성분이다. 부족하면 잎이 누렇게 얼룩진다.

2) 유기질 거름

동·식물체를 원료로 만든 퇴비로 효과가 늦게 나타나는 지효성 거름이다. 냄새가 나고, 무겁고, 많은 양을 주어야 하는 등 단점이 있지만, 흙을 부드럽게 하고 채소가 잘 자라게 하려면 반드시 주어야 한다. 많이 주어도 해가 별로 없고, 맛도 좋고 영양가도 높은 채소를 기른다는 큰 장점이 있다.

① 퇴비

지력(땅 힘)을 돋우는 데 가장 으뜸인 거름으로 수천 년 동안 사용해 왔다. 각종 비료 성분이 다 들어 있어 가장 완벽한 거름이다. 농산 부산물(볏짚·왕겨·쌀겨 등)과 음식물 쓰레기, 깻묵 종류, 가축 배설물, 낙엽 등을 고루 섞고 물을 적당히 뿌려 만든다. 퇴비를 충분히 주고 채소를 재배할 때 특징은 다음과 같다.

㉠ 화학적으로 만든 금비를 계속 주면 흙을 굳게 하여 물 빠짐이 나빠지고 염류집적

등 부작용을 일으키기 쉬우나, 퇴비를 충분히 준 밭은 물 빠짐과 토양공기가 원활하여 채소가 자라는 데 도움을 주는 호기성세균(好氣性細菌) 활동을 활발하게 한다. 흙을 부드러운 떼알 조직으로 만들어 뿌리 뻗음이 좋고 물 지님도 좋게 해 흙이 쉬 마르지 않는다.

㉡ 지렁이 등 흙 속 작은 동물과 이로운 미생물을 많이 살게 해 흙을 더욱 기름지게 한다. 화학비료는 대체로 흙을 산성으로 만들어 지렁이와 미생물을 살 수 없게 한다.

㉢ 퇴비는 흙 색깔을 검게 만들어 햇빛을 잘 흡수하고, 땅 온도를 높여 채소를 잘 자라게 한다.

㉣ 채소를 튼튼하게 키워 병과 벌레가 적고 맛과 영양이 높다.

② 깻묵

보통 콩깻묵, 유채깻묵, 순수한 깻묵 등이 있다. 어느 것이건 질소질 성분이 많아 잎줄기나 열매채소를 가꾸는 데 더없이 좋다. 그러나 콩과 식물에 너무 많이 주면 좋지 않다.

㉠ 깻묵 가루와 밭 흙을 같은 양으로 잘 섞고, 습기가 60% 정도 되도록 맞춰 비닐로 덮어 두었다가 2~3주일에 한 번씩 뒤집어 준다. 이때 물기가 적은 듯하면 조금 더 뿌린다. 이같이 4~5회 하면 완전히 발효하는데, 이것을 채소 잎에 묻지 않도록 골 사이에 뿌린다.

㉡ 물비료로 만들어 주면 좋은데 만드는 방법은 다음과 같다. 앞에서 설명한 ㉠과 같이 깻묵과 쌀겨를 섞어 잘 발효시킨 후 그것을 원료로 한다. 약 20ℓ(더 커도 된다) 되는 독에 발효된 깻묵과 쌀겨를 1/3 정도 넣고, 깨끗한 물을 독의 8할 높이까지 붓는다. 이때 흑설탕을 500g 정도 넣으면 발효가 더 빨라 비료 효과를 높인다. 뚜껑은 공기가 통하는 천으로 덮어 파리 등이 들어가지 않도록 고무줄로 잘 동여맨다. 가능하면 처음 10여 일 동안은 매일 10분 정도 나무막대기로 휘저어 주면 발효에 좋다. 충분히 발효된 것을 넣었기 때문에 숙성기간은 여름 20여 일, 겨울에 얼지 않으면 30~40일이면 쓸 수 있다.

발효가 잘되면 구수한 냄새가 난다. 쓸 때는 위쪽 발효거름이 우러난 짙은 갈색 물을 바가지로 떠 뜨거운 물에 섞어 쓴다. 채소 잎에 뿌릴 때는 500배 정도로 해서 뿌리고, 웃거름으로 사용할 때는 50~100배로 한다. 2번 정도 이용하고 남은 찌꺼기는 밑거름으로 쓴다. 또 깻묵이나 쌀겨를 발효시키지 않고 바로 가루로 만들어 흑설탕과 함께 독에 넣고 물을 부어 발효시키는 방법도 있다. 물은 깻묵 가루와 같은 높이로 하고, 이때 발효가 잘되도록 적어도 15일 정도는 매일 1번씩 5분 정도 나무막대기로 휘저어 주어야 하는데, 잘못되면 혐기성 발효를 일으켜 시궁창 냄새가 날 수도 있으니 주의해야 한다. 어느 정도 발효가 되면 물을 부어 위와 같이 관리한다.

③ 가축 배설물

소, 돼지, 닭 배설물 중에서 계분(鷄糞)이 비료 성분이 가장 높으므로 적은 양으로도 효과를 낼 수 있다. 일반적으로 소거름 비료 성분을 1로 볼 때 돼지거름은 2, 닭거름은 4로 생각하고 주는 양을 조절하면 된다. 어느 것이건 깻묵과 마찬가지로 발효가 완전히 안 된 것을 주면 채소 뿌리에 나쁜 영향을 주므로 완전히 발효된 것을 쓴다.

발효가 안 된 것은 가을 채소를 다 거둔 다음 밭에 뿌려 갈아엎어 놓으면, 겨울 동안 얼었다가 녹았다가를 반복하며 발효가 되어 상당히 분해되고, 이듬해 땅이 녹은 후 다시 밭을 뒤집어 주면 발효가 촉진된다. 보통 가축 배설물은 발효된 것이라도 뿌린 후 2주일 정도 지난 후 심어야 안전하므로 주의해야 한다. 깻묵처럼 흙과 반반씩 섞어 충분히 발효시킨 것은 웃거름으로도 쓸 수 있는데, 호미로 포기 주위에 3~5㎝ 정도 골을 가볍게 내고, 그곳에 뿌린 후 덮어주면 가장 좋다.

④ 쌀겨

인산분이 많고 질소도 인산의 반 정도 되는, 옛날부터 많이 사용해 온 좋은 유기질 거름이다. 반드시 발효시켜 써야 하는데 깻묵이나 가축 배설물에 준하여 사용하면 안전하다.

⑤ 생선 찌끼

생선 머리, 뼈, 내장 등은 좋은 질소와 인산질 거름이다. 반드시 계분에 준하여 발효시켜야 한다.

⑥ 뼛가루

음식을 먹은 후에 남은 생선이나 소, 돼지 뼈는 아주 좋은 인산과 석회비료이다. 효과가 늦게 나타나지만 퇴비 만들 때 넣거나 부숴 밭에 넣으면 된다.

⑦ 기타 농산 부산물

채소 잎줄기와 옥수수, 콩, 벼 등 식물의 대와 깍지를 퇴비의 주재료로 쓰든지, 가을철 채소를 거둔 후 그대로 밭을 갈아엎어 겨울 동안 분해하면 된다.

그러나 병든 채소의 잎이나 열매, 줄기 등은 병을 옮길 수 있으므로 태우는 것이 안전하다.

⑧ 나무나 풀

가리와 인산·석회분이 들어 있어 흙 산도를 개량하므로 콩류, 고구마, 감자 등에 아주 좋다. 뿌리자마자 밭을 갈고 심어도 해가 거의 없다.

⑨ 기타

비록 구하기 어렵기는 해도 개소주나 염소중탕 찌끼, 한약재 다린 찌끼는 더없이 좋은 거름이다. 이것을 준 밭은 다른 곳보다 더 많이 지렁이와 미생물이 살고 있다. 이것은 바로 밭에 넣지 말고, 흙과 섞어 쌓아 두었다가 어느 정도 발효가 된 다음 뿌리는 것이 좋다. 음식물 쓰레기도 좋은 거름이다.

3) 무기질비료(無機質肥料)

흔히 비료라고 하면 화학적으로 만든 금비를 말한다. 성분함량이 정확하고 효과가 빨라 적은 양으로 큰 효과를 볼 수 있어 경제적이다. 가볍고, 싸고, 냄새도 없어 쓰기 편리하다. 성분량과 사용량은 포대에 표시되어 있으므로 그에 따른다.

① 질소질 비료 : 요소(46%), 유안(20%)

잎줄기채소 가꾸는 데 좋아 밑거름이나 웃거름으로 쓴다. 요소는 성분함량이 유안의 2.3배나 되므로 주는 양에 주의해야 한다. 또 요소는 우윳빛으로 직경 2㎜ 정도의 동글동글한 알맹이 형태인데, 질소질 비료의 대표라 할 수 있다. 채소 잎에 살포할 때 많이 쓰고, 보통 물 20ℓ에 60g(90cc)를 녹여 잎이 흠뻑 젖도록 뿌리면 잘 자란다. 요소는 물을 쉽게 빨아들여 단단한 덩어리가 되기 쉬우므로 쓰고 남은 것은 잘 묶어 두어야 한다. 유안 비료는 입자 크기가 작고 황백색이다.

② 인산질 비료 : 용과린, 용성인비(모두 20%)

이 비료는 인산질 외에 석회, 고토 등도 들어 있어 흙을 개량하는 효과가 있는 좋은 비료로 밑거름 전용이다. 용과린은 팥알 크기 정도의 알맹이고, 용성인비는 원래 가루 비료인데 무겁고 회갈색이다. 지금은 알맹이로도 나온다.

③ 가리질 비료 : 염화가리(60%), 황산가리(50%)

판매하고 있는 비료 중 가장 성분이 짙어 한꺼번에 많이 주면 피해를 볼 수도 있다. 황산가리는 유산가리라고도 부른다. 밑거름과 웃거름용으로 쓸 수 있고, 염화가리는 보통 붉은빛이 도는 작은 입자형 비료인데 농민들은 고춧가루 비료라고 부르기도 한다. 황산가리는 황백색의 입자형이다.

④ 복합비료

21-17-17과 같이 두 가지 이상 성분이 든 비료로 팥알 크기 정도인 알맹이 비료이다. 숫자로 된 비료로 앞부터 질소-인산-가리 순이다. 복합비료는 밑거름으로 쓰면 무난하나, 고추·오이·토마토 등과 같은 열매채소 웃거름용으로는 18-0-18과 같이 질소와 가리만 든 것을 쓰는 것이 좋다. 전에는 보통 질소-인산-가리만 든 것이 대부분이었으나, 근래 작물별로 여러 성분이 든 것이 나와 쓰기 편하다. 그렇다고 작물에 너무 구애될 필요는 없다.

예를 들어, [표 2]의 쌀맛나 비료는 질소 11%, 인산 6%, 가리 6%뿐만 아니라 고토 4%, 석회 20%, 규산 14%, 붕소 0.1%, 이렇게 7가지가 들어 있다. 이 비료는 규산이 들어 있어 벼농사용으로 되어 있으나, 석회성분도 많아 밭농사로도 좋다.

⑤ 석회질 비료

흙 성질, 특히 산성흙을 교정하면서 농작물은 석회 자체를 비료로 흡수하기도 한다. 농업용으로 소석회(석회 함량 60%)가 옛날부터 쓰여 왔으나 요즘은 석회, 고토, 규산 등을 섞은 기능성 석회질 비료를 쓰고 있고 작물에도 좋다. 고토석회와 규회석 등이 있는데 보통 30평에 12~15kg 정도 뿌린다. 이곳에서는 일반적인 양을 밝혔으니 실제 정확히 알기 위해서는 앞에 설명한 밭 흙을 검정하여 추천받는 것이 가장 바람직하다.

⑥ 엽면살포제(葉面撒布劑)

엽면살포제란 비료 성분을 알맞게 녹여 만든 것으로 물에 섞어 분무기나 가정용 스프레이로 채소나 꽃잎에 뿌리는 물비료를 말한다. 주로 잎 뒷면에 있는 기공(氣孔)으로 흡수하는데 효과가 아주 빠르다. 속효성인 유안을 흙에 주면 2~3일 정도 걸려 60% 정도를 흡수하지만, 요소 0.3% 액을 잎에 살포하면 24시간 내에 80~90%를 흡수한다. 시중에는 수십 종류의 엽면살포제가 있다. 그러나 성분함량이 대체로 낮으므로 너무 큰 기대는 하지 않는 게 좋다. 비료 성분함량을 기준으로 보면 가격은 금비보다 훨씬 비싼 편이다. 보통 텃밭이라면 요소를 이용한 엽면살포로도 충분하다. 요소는 물 20ℓ(대두 1말) 기준으로 60g을 섞으면 0.3% 액으로 일반 농작물에 알맞다. 요소 무게는 200㎖가 130g이다. 엽면살포로 적당한 시간은 바람이 없고 흐린 날이나 저녁 해질 무렵이 가장 좋다. 금방 마르지 않아 천천히 충분히 흡수하기 때문이다.

04 좋은 퇴비를 만들자

땅에 농작물을 심는 한 퇴비는 반드시 있어야 한다. 그러나 그것을 만들고 관리하기란 그리 쉬운 일이 아니다. 농작물을 가꾸면 다 그렇지만, 텃밭채소 역시 재배에서 가장 중요한 것이 퇴비이다. 퇴비 재료나 만드는 법은 가지가지이나 여기서 소개하고자 하는 방법은 식물성 유기질 재료를 주체로 하고, 쌀겨, 깻묵 종류, 음식물 쓰레기와 소, 돼지, 닭 등 가축 배설물 등을 섞어 발효하는 방법이다. 그리고 아래 그림과 똑같은 재료를 구하려고 할 필요는 없다. 농작물 수확 후 남은 짚이나 콩깍지, 산이나 들에 있는 나뭇가지, 또는 가로수에서 떨어진 낙엽, 시장에서 구한 깻묵, 개소주, 염소중탕 찌꺼기, 한약 찌꺼기, 소·돼지·닭의 분뇨, 음식물 찌꺼기(소금성분은 수돗물에 한 번 헹구는 것이 좋다) 등 썩을 수 있는 무엇이든 좋다. 한 가지보다 여러 가지가 섞인 것이 더 좋다는 것을 명심해야 한다. 밭에 주는 분량은 땅이 비옥하지 않을 때는 많이 쓰고, 땅이 기름진 데 따라서 점점 줄이도록 한다. 좋은 퇴비를 많이 주기만 하면 비료를 주지 않아도 채소 대부분은 튼튼하게 잘 자란다. 퇴비는 재료가 있을 때 항상 모아야 하지만, 그래도 가을철과 겨울철 사이에 넉넉히 만들어 두었다가 봄철 밭갈이 전에 충분히 넣는 것이 가장 효과적이다. 그리고 다음 작물을 심기 전에, 예를 들면 우리나라는 봄철에 고추·가지·토마토·참깨·잎채소 등을 심어 7월 말에 수확하니, 이때 퇴비를 뿌리고 갈아 두었다가 8월 15일경에 김장용 무·배추를 심는다.

[그림 5] 퇴비의 재료

05 재료 쌓기

계절에 따라 구할 수 있는 재료는 다르지만 만드는 방법은 앞 그림과 같다. 그림은 아주 표준적인 것을 기준으로 했으니 반드시 그대로 해야 한다는 뜻은 아니다.

위 주재료 A는 거친 유기물이고, 첨가하는 것인 B는 거친 유기물을 발효, 부숙하는 것이라 미생물이 많아야 하므로 이들 먹이가 되도록 질소질이 많은 재료(가축 분뇨, 깻묵, 쌀겨 등)를 섞는 것이다. 그리고 물은 재료에 수분이 60~65% 정도가 되도록 뿌리고, 밭 흙은 1켜를 쌓고 그 위에 덮어주면 발효를 돕고 거름 성분이 날아가지 않는다. 그러나 흙덮기가 번거로우면 생략해도 된다.

06 정식 쌓기

쌓아 둔 무더기를 그대로 밖에 방치하면 언젠가는 자연 발효되어 아래쪽부터 흙에 가까운 퇴비가 만들어지지만, 비바람에 노출되면 양분이 적어질 뿐만 아니라 퇴비가 되기까지도 상당한 시일이 걸린다. 그래서 효율적이고 많은 양분을 지닌 퇴비를 만들기 위해 쌓기와 뒤집기를 되풀이한다. 그리고 쌓아 둔 퇴비는 비닐이나 헌 가마니로 덮어 두어야 한다. 앞 그림처럼 재료를 넣고 잘 밟아 놓는데, 청초가 많을 때는 가볍게, 건초가 많을 때는 잘 밟아 한 켜가 30㎝ 두께가 되게 한다. 그 위에 발효촉진 보조재료(가축 배설물, 깻묵 종류, 쌀겨, 미생물제 등)를 끼얹는다. 여기서 주의할 점은 물의 양인데, 재료의 건조도에 따라서 달라진다. 생풀 종류가 많을 때는 물을 가볍게 뿌리는 정도로, 마른 낙엽이나 볏짚 부스러기 등이 많을 때는 밑에 물이 스밀 정도로 뿌린다. 물을 적절하게 뿌렸는지는 첫 번째 뒤집기 때 재료 상태를 보면 안다. 보통은 재료량에 따라 다르나 150㎝ 정도 높이로 쌓으면 5켜 정도 된다. 마지막에 재료를 펴고 밟은 다음, 비닐로 덮어 바람에 날리지 않도록 헌 타이어나 돌 같은 무거운 것을 올려놓는다.

07 뒤집기

쌓아 두고 1주일쯤 지나면 발효열로 말미암아 보통 60~70℃ 정도가 되지만 2주일 후에는 다시 온도가 내려간다. 이때 첫 번째 뒤집기를 한다. 뒤집기를 하는 이유는 산소를 공급하고 수분을 조절하여 발효를 촉진시켜 재료가 고르게 부숙하기 위함이다. 특히 안쪽과 바깥쪽, 위와 아래가 뒤섞이도록 옆자리로 옮겨 쌓아 올린다. 이때 수분이 많은 곳과 적은 곳을 뒤섞고, 수분이 많아 너무 축축하면 흙이나 퇴비 재료를 더 넣고, 너무 적으면 물을 보충한다. 알맞은 곳은 이미 발효가 진행되어 흑갈색으로 변색되어 있다. 퇴비 전체의 수분함량이 60% 정도로 알맞다면 음식물 찌꺼기가 썩는 냄새도, 가축 배설물인 암모니아 냄새도 사라진다. 다시 비닐을 덮어 두면 2~3일 후에는 온도가 올라가고, 그 후 2주일마다 그 일을 되풀이하면 숙성됨에 따라 열 상승은 없다. 뒤집기 후 급격한 열 상승이 없다면 대략 완성된 것이다. 퇴비 완성기간은 겨울에는 5~6개월, 여름에는 3개월 정도이고, 뒤집기는 4~6회 하면 된다. 완성된 퇴비는 비닐 등으로 덮어 양분이 햇빛이나 빗물 등에 의해 다른 곳으로 빠져나가지 못하게 한다.

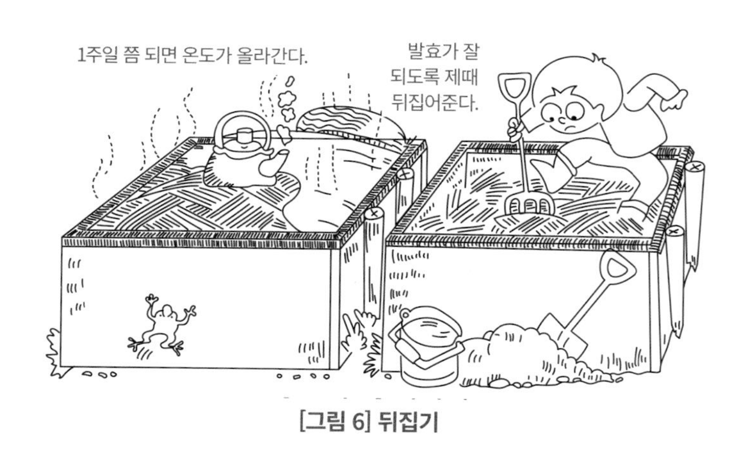

[그림 6] 뒤집기

08 퇴비가 반드시 많아야 하는 것은 아니다

일반적으로 퇴비라고 하면 그림과 같은 분량으로 쌓지만, 작은 텃밭에서는 무리이다. 그리고 퇴비 재료(볏짚, 낙엽, 풀 등)만으로는 발효가 잘 안 되므로 음식물 찌꺼기, 쌀겨, 석회, 질소질 비료, 그리고 가능하면 발효촉진용 미생물제를 물과 같이 잘 섞어 쌓아 비닐로 덮어 두면 발효도 빠르고 잘된다. 뒤집기는 2주일쯤 지나 열이 내려갈 때 몇 번 해주면 충분하다. 처음에 너무 밟거나 수분 조절에 실패하면 온도가 오르지 않는 일도 있으나, 몇 번 경험해 보면 좋은 퇴비를 만들 수 있고, 또 맛있는 채소도 많이 수확할 수 있다.

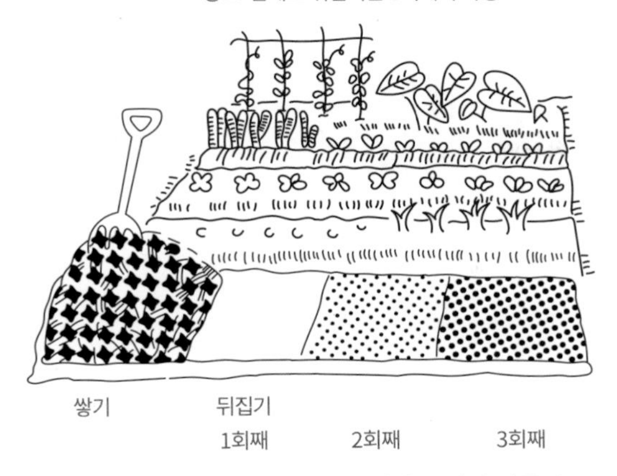

[그림 7] 틈나는 대로 모은 쓰레기로 퇴비 만들기

09 퇴비 사용법

퇴비는 원칙적으로 완숙된 것을 쓴다. 미숙한 것이거나 날것을 넣어 작물을 가꾸면 여러 장해를 입어 잘 자라지도 않고 생리 장해가 생길 수도 있다. 만일 채소를 심은 후 흙이 마르거나 잡풀이 나는 것을 막고, 거름도 줄 목적으로 포기 사이 흙에 놓는 퇴비는 미숙한 것이라도 무방하다. 또한, 고구마나 감자, 토란 등은 그다지 민감하지 않아 잘게 썬 짚이나 생풀을 그대로 사용해도 별문제가 되지 않는다.

10 음식물 찌꺼기는 아무것도 버리지 말자

부엌에서 나오는 찌꺼기나 과일 껍질 같은 쓰레기는 그 처리 과정에 막대한 비용이 들어간다. 흙에서 얻은 것은 다시 흙으로 돌려보내도록 하자. 날 찌꺼기 중에는 어분 대신 쓰는 생선 찌꺼기, 석회비료와 같은 작용을 하는 계란껍데기, 굴껍데기, 조개껍데기, 게나 새우껍데기 등도 퇴비에 넣으면 좋다. 특히 게나 새우껍데기는 요즘 인기 있는 키토산 원료로 적당히 부수어 밭에 넣으면 방선균(放線菌)이란 유익한 균이 많이 생겨 병균을 없애는 작용을 한다. 소금기가 많은 것을 제외하면 어떤 것이라도 쓸 수 있다. 소금기 많은 짠 반찬 종류는 흐르는 물로 짠 물기를 빼고 쓰는 것이 좋다.

11 퇴비가 없을 때

퇴비가 아직 만들어지지 않은 상태에서 채소재배를 하고자 할 때에는 다소 비싸게 먹히지만 종묘상이나 농협 등에서 팔고 있는 퇴비를 구입하거나, 부엽토, 발효된 가축 분뇨, 깻묵 등을 밭에 뿌리고 3주일쯤 지나서 파종하면 된다. 보통 시중에서 팔고 있는 것 중에는 가축 분뇨를 주재료로 하고, 톱밥이나 왕겨 등을 섞어 발효시킨 것이다. 좋은 것은 약간 구수한 냄새가 나는데 자극적인 것은 안 좋다. 살 때는 만든 회사 이름과 전화번호가 있고 보증 성분함량 표시가 있다면 안심할 수 있다. 가축 분뇨나 깻묵을 그대로 흙에 넣으므로 비교적 비료를 많이 요구하고 병해충에도 강한 배추, 시금치, 근대, 아욱, 상추, 엔다이브, 옥수수, 오이, 토마토 등을 재배한다.

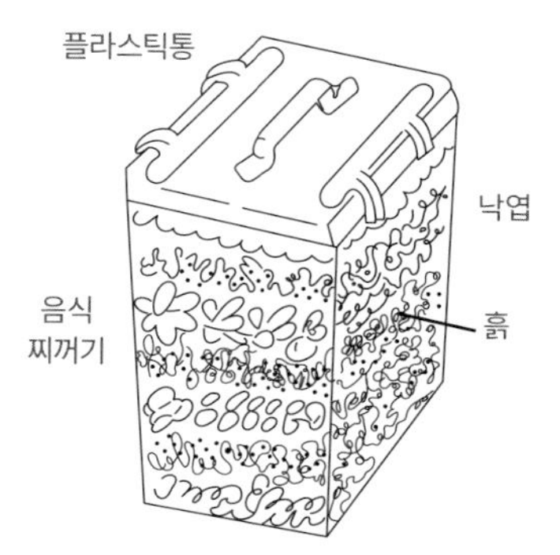

음식찌꺼기, 낙엽 흙 등과 쌀겨 깻묵 등을 섞어 두었다가 텃밭 귀퉁이 퇴비더미와 섞어 두면 좋은 거름이 된다.

[그림 8] 음식물찌꺼기 모아 발효시키기

PART 03

웃거름(추비)에 대하여

작물이나 계절에 따라 밑거름만으로는 비료가 부족하므로 웃거름이 필요하다. 작물에 따라 구별해서 사용할 수 있도록 2종류를 만들어 두면 좋으나, 번거로우므로 주는 양으로 조절하는 것이 좋다. 웃거름도 반드시 깻묵이나 계분 등을 흙과 섞어 발효시킨 것만이 좋다고 하기는 어렵다. 유기질 재료는 일손이 많이 들고, 시간이 오래 걸리고, 만들기 번거롭고, 무겁기도 하다. 앞에서도 설명했듯이 금비를 적당히 쓰는 것이 유기질비료를 쓰는 것보다 못할 이유가 없다. 채소를 가꾸는 사람에 따라 생각이 다르겠지만 무조건 유기질 재료만 쓰라고 권하는 것은 아니다.

01 만드는 법

깻묵이나 쌀겨와 계분 등 가축 배설물에 같은 양의 흙(가능하면 2배를 섞으면 비료 손실이 적다)을 섞어 둔다. 습기가 촉촉한 보통 흙에는 그대로 섞고, 건조한 흙에는 물을 약간 뿌린다. 그런 다음 2주일마다 뒤섞어 놓으면 계절에 따라 다르지만 5~6주일 후부터는 쓸 수가 있다. 겨울에는 오래 걸리지만 여름에는 온도가 높아 발효가 빨리 된다.

발효가 잘된 것은 암모니아 냄새가 거의 없다.

[표 5] 유기질 재료 성분

성분	볏짚	왕겨	쌀겨	깻묵	생선 찌꺼기	뼛가루	생계분	건계분	생우분	생돈분	나무재
질소	0.6	0.6	2.1	5~6	9.0	4.0	2.0	2.8	0.5	1.1	-
인산	0.2	0.2	3.8	1~2.5	7.5	22.0	1.8	5.0	0.3	1.5	3.3
가리	0.8	0.5	1.5	1~1.5	0.85		1.1	2.4	0.3	0.5	7.0

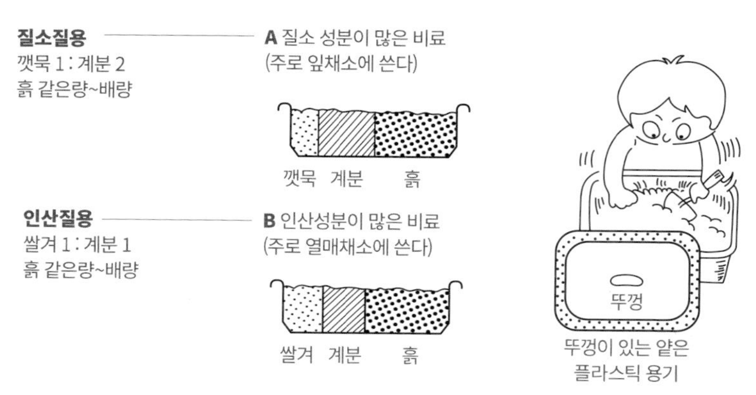

[그림 9] 웃거름용 재료 만들기

주의

① 이 밖에 가리 성분이 많은 나무나 풀을 만들어 두고 뿌리채소, 콩류에 쓴다.

② 퇴비도 웃거름으로 쓸 수 있다.

③ 콩비지와 흙을 같은 양으로 섞어 두면 질소분이 많은 웃거름이 된다.

PART 04

채소의 실용성에 따른 분류

채소는 그 종류가 아주 많은데, 공통되는 것끼리 분류해 놓으면 가꾸는 데 많은 도움이 된다. 채소 생산과 이용에 따라 중요한 특성은 생태적(生態的), 형태적(形態的), 비배관리(肥培管理, 가꾸고 관리하는 것), 이용상(利用上) 특성 등으로 나눌 수 있다.

01 먹는 부분에 따른 분류

잎줄기, 뿌리, 열매 중에서 어느 부분을 주로 먹는가에 따라 잎채소(엽채류), 잎줄기채소(엽경채류), 뿌리채소(근채류), 열매채소(과채류)로 나눈다.

[표 6] 먹는 부분에 따른 채소의 분류

먹는 부분	주요 채소
잎채소	배추, 양배추, 시금치, 상추, 갓, 쑥갓, 치커리, 엔다이브, 치커리, 셀러리, 파슬리, 케일
잎줄기채소	부추, 파, 양파, 마늘, 아스파라거스
뿌리채소	무, 순무, 당근, 우엉, 고구마, 감자, 생강, 토란
열매채소	오이, 호박, 참외, 수박, 토마토, 가지, 고추, 강낭콩, 완두

이 분류 기준은 먹는 부위에 있지만, 가꾸어 보면 어느 정도 공통점이 있다. 즉, 잎채소와 잎줄기채소는 대부분 서늘한 기후에서 잘 자라는 호냉성 채소(好冷性 菜蔬)이며, 비료는 3요소 중 질소 성분을 많이 요구하고, 밭에 수분이 많아야 잘 자란다. 뿌리채소 가운데 고구마, 생강, 토란은 높은 온도를, 무, 순무, 당근, 감자 등은 서늘한 기후를 좋아하고, 거름도 대체로 질소보다 인산과 가리를 더 요구한다. 뿌리란 일종의 양분 저장 기관으로, 이것이 굵고 잘 자라게 하기 위해서는 생육 전반기에는 잎이 잘 자라 충분한 잎 면적을 확보하도록 관리해야 하고, 후반기에는 필요 이상으로 잎이 무성해지지 않도록 해야 한다.
열매채소는 딸기, 완두콩 외에는 모두 높은 온도를 좋아한다. 콩 종류는 초기에는 질소질을 최소한만 주고, 열매가 맺힐 때는 질소와 가리를 같이 주어야 한다.

02 자라는 데 알맞은 온도에 따른 분류

비교적 높은 온도에서 잘 자라는 채소를 호온성 채소(好溫性 菜蔬)라고 하고, 서늘한 온도를 좋아하는 채소를 호냉성 채소(好冷性 菜蔬)라고 한다.
앞에서 살펴보았지만 보통 잎, 줄기, 뿌리를 이용하는 채소는 대부분 호냉성이고, 열매채소는 대부분 호온성 채소이다.

[표 7] 온도에 따른 분류

구분	주요 채소
호냉성 채소	배추, 양배추, 갓, 시금치, 상추, 엔다이브, 쑥갓, 근대, 파, 양파, 마늘, 부추, 셀러리, 파슬리, 머위, 무, 순무, 감자, 당근, 비트, 완두
호온성 채소	가지, 토마토, 고추, 수박, 오이, 참외, 멜론, 호박, 고구마, 토란, 생강, 옥수수, 강낭콩, 콩

03 햇빛에 대한 적응성에 따른 분류

강한 햇빛을 좋아하는 채소와 어느 정도 그늘을 좋아하는 채소가 있으므로 그 성질에 따라 관리해야 좋은 품질의 채소를 생산할 수 있다.

[표 8] 햇빛과 그늘에서 자라는 채소

구분	주요 채소
햇빛을 좋아하는 채소	수박, 참외, 멜론, 호박, 오이, 가지, 고추, 토마토, 감자, 딸기, 옥수수, 고구마, 양배추, 배추, 양파, 결구상추, 콩, 완두콩, 강낭콩, 무, 당근, 토란
반그늘에서도 자라는 채소	생강, 파, 아스파라거스, 부추, 마늘, 머위, 취나물, 비름나물

04 자연 분류법

이 방법은 식물분류학에서 과(科) 단위로 묶는 것인데, 가꾸는 방법이나 이용방법과 성질이 아주 다른 것도 같은 과로 들어가는 불편이 있다. 예를 들면, 감자나 고추는 모두 가짓과에 속하는데 자라는 온도, 이용방법 등이 아주 다르다. 그러나 대체로 기후조건, 재배방법, 병해충 발생 등은 비슷한 점이 많으므로 참고하면 도움이 클 것이다. 주요 채소를 분류해 보면 다음과 같다.

1) 싹이 날 때 떡잎이 1개인 것(단자엽 식물)

① **볏과(화본과) :** 옥수수

② **토란과(천남성과) :** 토란

③ **백합과 :** 파, 양파, 쪽파, 마늘, 부추, 아스파라거스

④ **생강과 :** 생강

2) 떡잎이 2개인 것(쌍자엽 식물)

① **명아줏과 :** 근대, 시금치, 비트

② **십자화과(배춧과) :** 배추, 양배추, 케일, 무, 순무, 갓

③ **콩과 :** 풋콩, 강낭콩, 완두, 동부

④ **아욱과 :** 아욱, 오크라

⑤ **산형화과(미나릿과) :** 셀러리, 파슬리, 당근, 미나리, 고수

⑥ **메꽃과 :** 고구마

⑦ **가짓과 :** 고추, 피망 고추, 토마토, 가지, 감자

⑧ **박과 :** 수박, 참외, 멜론, 오이, 호박

⑨ **국화과 :** 쑥갓, 상추, 결구상추, 엔다이브(치커리), 머위, 우엉

CHAPTER

03

텃밭채소 가꾸기

PART 01

텃밭채소

01 텃밭채소

계절의 여왕 5월이 화사한 햇살 아래서 그 푸름을 자랑한다. 집 앞 텃밭에선 상추, 시금치 등 추위에 강한 채소가 한창 자라고, 고추, 가지, 토마토 등은 아직 비닐 터널 속에서 보호받고 있지만, 곧 눈이 부신 햇살 앞에 그 싱그러운 모습을 드러내리라. 우리 식탁에서 매일 보는 이런 채소는 요즘 시장이나 마트에서 쉽게 구하지만, 옛날에는 고향 텃밭에서 상추나 배추를 바로 뜯어 흐르는 물에 훌훌 씻어 쌈을 싸 먹던 기억이 있을 것이다. 이런 추억을 살려 마당 한 귀퉁이에 몇 평 일궈 심거나, 그것이 안 되면 상자나 화분에 가꾸어 보는 것도 멋있는 일이 아니겠는가. 그러고 보면 요즘 텃밭채소는 흙과 거리가 먼 현대생활의 삭막함을 피하고, 우리 가족이 먹는 채소는 내가 직접 가꾸어 안심하고 먹겠다는 주부들의 또 다른 자신감이다. 그래서 '텃밭 가꾸기'나 '베란다 원예'라는 말을 쓴다.

텃밭채소를 가꾸는 재미

식탁에서 먼저 느끼는 계절의 맛과 멋을 무엇과 바꿀 수 있으랴. 봄에는 시금치와 상추,

여름엔 토마토와 고추, 그리고 가을엔 김장채소 등 수없이 많다. 집에서 가꾸면 농약을 사용하지 않아도 되고, 농약 염려가 없으니 무 잎이나 당근 껍질을 물에 훌훌 씻어 그대로 먹는다. 벌레가 좀 먹었기로 뭐 그리 문제 될 게 있을까. 싱싱하게 자라는 채소를 그저 물끄러미 바라보는 것만으로도 더없이 행복하다. 그렇다면 주말에 온 가족이 함께 텃밭으로 나가 보자. 먹는 것이 사는 재미이고, 먹을 것을 가족이 함께 땀 흘려 가꾸면서 행복이란 뜻을 더 실감할 것이다. 또 대자연 속에서 나도 그 일부가 되어 생물과 대화한다. 징그럽고 더럽게 느껴졌던 지렁이, 개구리, 무당벌레 등이 하나뿐인 지구 자연 생태계의 한 요소임을 깨닫고, 그럼으로써 자연의 정서를 느껴 아이들에게도 좋은 교육이 될 것이다.

02 텃밭채소의 일반적 특징

1) 어떤 것을 골라 심을까

심고 싶다고 다 가꾸어 볼 수는 없는 일이다. 좁은 텃밭이나 베란다에서 과일상자나 화분에 심는다면 여러 사정을 고려해야 한다.

2) 자라는 기간이 너무 길지 말아야 한다

부추처럼 한 번 심으면 1년에 7~8번을 수확하고, 또 3~4년을 계속 자라는 채소가 있는가 하면, 열무, 엇갈이 배추, 래디쉬(구슬처럼 작고 예쁜 붉은 무, 적환무 또는 '20일무'라고도 한다)처럼 30~35일이면 끝나는 것도 있다. 물론 선택은 여러분이 하겠지만 자라는 기간이 너무 길면 어려움이 따른다.

[표 9] 자라는 기간에 따른 채소

짧은 것(50일 이내)	열무, 엇갈이 배추, 시금치, 래디쉬, 총각무 등
중간(50~100일)	무, 배추, 감자, 당근, 쪽파, 갓, 강낭콩, 상추, 쑥갓 등
긴 것(100~200일)	오이, 고추, 가지, 호박, 고구마, 토란, 파 등
아주 긴 것(200일 이상)	부추, 마늘, 양파 등

3) 꽃이나 열매가 어느 정도 관상 가치가 있는가

미끈한 풋고추나 가지, 빨갛게 익은 토마토 등은 어떤 꽃보다도 예쁘고, 강낭콩이나 완두꽃의 아름다움은 베란다나 텃밭에 심는 채소의 식품 가치로는 물론이고 관상용으로도 아주 그만이다.

4) 가꾸기 쉬운 것부터 시작한다

채소를 처음 가꾸는 사람은 방법이 까다로우면 호기심이나 의욕이 떨어져 쉽게 포기할 우려가 있으니 병이나 벌레가 별로 없고 가꾸기 쉬운 것부터 시작하는 것이 좋다. 대체로 잎채소인 상추, 시금치, 쑥갓, 배추나 뿌리채소인 홍당무, 당근, 무, 토란, 고구마, 감자와 완두, 강낭콩 등은 기르기 쉬운 편이다. 토마토, 호박, 고추, 가지 등은 보통이라 할 수 있으며, 오이, 수박, 참외 등은 좀 까다롭다고 할 수 있다.

5) 어디에 심을까

마당 귀퉁이나 집 가까이에 있는 밭을 일구어 심는 것이 좋겠지만, 그런 공간이 없다면 화분, 과일이나 생선을 담았던 스티로폼 상자를 이용해도 무난하다. 또 비료나 쌀 포대를 이용해 가꾸어 보는 것도 색다른 재미와 멋이 있다. 이 방법은 뒤에 따로 설명하기로 한다.

6) 어떻게 심을까

씨앗을 뿌리는 방법과 키워둔 모종을 사서 심는 방법이 있다. 씨앗을 뿌려 키우면 처음부터 자라는 모습을 볼 수 있어 아기자기한 재미가 있지만 기간이 너무 길어 지루한 점도 있다. 고추, 가지, 토마토처럼 모종 기르는 기간이 60~80일 정도로 긴 것은 그에 따른 위험 부담이 있으므로 5월 상순에 종묘상이나 꽃집에서 파는 모종을 사서 심는 것이 좋다.

① 봄에 심어 볼 채소

다음 채소는 봄에 심어 가꾸는 것이 좋다.

㉠열매채소

모종: 고추, 가지, 토마토, 오리, 호박 등

씨앗: 강낭콩, 콩*, 옥수수* 등

㉡뿌리채소

모종: 고구마

씨앗: 작은 무, 당근, 토란, 감자, 래디쉬 등

㉢잎채소

씨앗: 열무, 엇갈이 배추, 상추*, 쑥갓, 부추* 등

***는 씨뿌리기와 모종 심기를 겸함**

② 가을에 심어 볼 채소

가을엔 자라는 기간이 짧으므로 주로 잎줄기채소이다. 김장용인 배추, 무(총각무 포함), 갓, 쪽파를 비롯하여 상추 등이고, 월동할 수 있는 것은 마늘, 양파, 시금치, 상추 등이다.

03 텃밭채소 가꾸는 요령

1) 흙을 먼저 가꾸어야 좋은 채소가 난다

채소가 잘 자라려면 퇴비 같은 유기질 거름이 충분해야 한다. 퇴비는 종묘상이나 꽃집에서 살 수 있는데 텃밭에 쓸 것은 가정에서 나오는 동식물 쓰레기를 모아 이용하면 되고, 음식물 찌꺼기는 흐르는 물에 담가 소금기를 빼고 쓴다. 음식, 녹즙, 한약, 개소주, 염소중탕 찌꺼기, 낙엽, 그리고 달걀이나 굴 껍데기를 적당하게 부수어 텃밭 구석 자리에 쌓아 거름을 만든다. 이것을 몇 주일쯤 지나 흙과 섞어 텃밭에 뿌리기를 되풀이하면

흙이 몰라보게 좋아진다. 이 퇴비는 30평 기준으로 약 100kg 정도를 밑거름으로 주고, 웃거름으로는 포기 주변에 뿌리고 흙을 뒤집는다.

2) 병과 벌레 막기

채소밭에서 많이 생기는 벌레는 길이가 0.5㎜ 정도도 안 되는 응애, 1~2㎜인 진딧물, 그리고 몸이 3㎝이고 초록색인 청벌레, 몸길이가 3~5㎝이며 거무스름하고 아무것이나 갉아 먹는 파밤나방 등이 있는데, 아무래도 신경이 쓰이기 마련이다. 농약을 쓰기는 찜찜하고 그대로 두자니 문제이다. 텃밭 수준이라면 청벌레나 파밤나방, 달팽이는 손으로 잡고, 진딧물과 응애는 처음 생길 때 그 잎을 따 땅속에 묻고, 많으면 자연 농약을 뿌린다. 텃밭에서 채소를 가꿀 때는 농약이나 비료를 뿌리지 말고 유기농산물을 생산토록 하는 게 좋다. 벌레나 진딧물이 생기면 농약을 뿌리지 말고 다음 방법을 써도 농약처럼 잘 듣지는 않으나 그런대로 괜찮다. 그리고 벌레가 좀 있어도 별문제가 안 된다.

① 진딧물은 노란색을 싫어한다.

어미 진딧물이 날아오지 못하도록 텃밭 주위에 50~100㎝쯤 높이로 폭이 5㎝인 노란색 비닐 테이프(반사되어 반짝이는 것이 더 좋다)를 1m 간격으로 친다.

② 요구르트 뿌리기

진딧물이 생기면 분무기에 요구르트를 넣어 진딧물 몸이 흠뻑 젖도록 뿌린다. 요구르트가 마르면서 숨구멍을 막아 죽인다.

③ 부엌 세제 뿌리기

물 400cc에 세제 1cc를 분무기에 넣고 잘 흔들어 뿌린다. 세제가 숨구멍을 막기도 하고 진딧물 몸을 보호하는 물질을 녹여 죽인다.

④ 담배꽁초 우려낸 물 뿌리기

니코틴은 예로부터 자연 농약으로 많이 쓰여 왔는데, 물 1컵에 담배꽁초 2~3개를 넣어 1~2시간 우려낸 다음 분무기에 넣어 진딧물에 뿌린다.

⑤ 무당벌레(됫박벌레), 기타 애벌레

무당벌레는 진딧물을 잡아먹는 천적으로 이로운 벌레이기도 하나, 어린 무당벌레는 잎을 갉아 먹는다. 특히 가지에 많이 꼬이므로 벌레가 보이면 손으로 잡는 것이 좋다. 그리고 진딧물 같은 벌레는 햇빛을 싫어해 잎 뒤쪽에 붙어 있으므로 잘 살펴봐야 한다.

3) 예방

항상 예방하는 것이 가장 좋은 법이다. 땅 힘을 좋게 하고 거름을 알맞게 주어 채소를 튼튼하게 기르도록 한다. 채소는 곰팡이병이 많은데, 비를 맞아 습기가 많을 때 잘 생기므로 장마철에는 비닐로 가리는 '비 가림 가꾸기'를 하고, 바닥엔 비닐 등으로 멀칭(농작물이 자라는 땅을 덮음)해 주면 효과가 크다. 특히 비닐 멀칭은 땅속 수분 증발을 막고, 빗물에 흙이 튀어 오르는 것을 막아 병을 예방할 뿐만 아니라 채소도 깨끗하게 해준다. 비닐 대신 신문지 2~3겹이나 쌀 포대를 깔아도 좋다.

04 비 가림 재배

1) 뜻

농작물이 직접 비를 맞지 않도록 비닐하우스를 만들어 재배하는 방법을 말한다.

2) 장점

① 병이 적다.

보통 곰팡이병은 빗물에 의해 많이 걸린다. 비닐하우스 안에서 고추를 가꾸면 가장 문제가 되는 탄저병(炭疽病)과 역병(疫病)이 거의 걸리지 않는다. 물론 모든 병이 다 그런 것은 아니지만 안전농산물을 생산하는 데는 더없이 좋은 방법이다.

② 자라는 기간이 짧고 수확량이 많아진다.

비록 비닐 1겹을 씌웠다고 해도 봄에는 바깥 땅에 씨앗을 뿌리는 것보다 약 10~15일 앞당길 수 있고, 가을엔 반대로 그만큼 더 자랄 수 있다. 또 수확량이 많아지고, 텃밭 가꾸는 재미도 느낄 수 있다. 높이 50㎝ 정도 작은 터널로 1겹 비 가림 시설을 하면 씨앗을 뿌리는 시기를 더 앞당길 수 있다.

③ 일하기 편하다.

비가 오더라도 날씨에 구애받지 않고 일할 수 있어 채소 품질도 좋아진다.

3) 단점

① 시설비가 많이 든다.

폭 5m, 길이 35m, 높이 2.5m짜리 반달형 터널을 만들면 바닥 면적이 175m²나 된다. 직경이 25㎜, 길이 8m 파이프를 80㎝ 간격으로 꽂는 하우스라면 파이프가 모두 70여 개, 그리고 피복용 비닐과 물주는 시설 등이 필요하다.

4) 작은 터널 만들어 가꾸기

높이 2.5m인 대형 터널 시설을 만들기 벅차면 높이 50㎝ 정도 작은 터널을 만들고, 그 안에 씨앗을 뿌리거나 모종을 심어도 좋다. 10여 일 정도는 빨리 씨앗을 뿌릴 수 있다. 파이프는 대나무 쪼갠 것을 사거나 종묘상에서 파이프 대용 직경 0.5㎝짜리 강철선을 사서 이용하면 된다. 설치방법은 아주 간단하므로 자재를 살 때 10분 정도 설명만 들으면 누구나 설치할 수 있다.

05 용기재배(容器栽培)

텃밭이 없어도 베란다나 옥상, 뜰에 화분이나 각종 상자를 이용해 채소를 재배하는 것을 말한다. 물론 용기가 클수록 흙이 많이 들어가므로 채소가 잘 자라고, 많이 심을 수도 있다.

1) 용기의 종류

① 플라스틱 사각 상자

플라워박스라고도 하는데, 보기도 좋고 운반도 쉬워 인기가 있는 긴 사각형이다. 잎채소를 가꾸는 데 알맞으며 깊은 것은 고추, 가지 등 열매채소도 가능하다.

② 스티로폼이나 나무상자

과일이나 생선 상자로 쓰이는 발포 스티로폼이나 나무상자는 크기와 모양이 여러 가지라 채소에 맞추어 쓰면 편리한데, 반드시 바닥에 물이 잘 빠지도록 구멍을 뚫어야 하므로 스티로폼 박스를 뒤집어 10㎝ 간격으로 지름이 3㎝쯤 되는 막대기로 뚫으면 된다.

깊이가 20㎝ 정도면 상추, 시금치, 열무, 부추, 쑥갓, 쪽파, 강낭콩 등을 심을 수 있다. 또 상자 바닥을 칼로 완전히 잘라내고 2층으로 쌓으면 깊이가 약 40㎝가 되는데, 이곳에는 고구마, 감자, 무, 당근, 배추, 양배추, 고추, 가지, 오이, 토마토 등을 가꿀 수 있다.

재배할 때 주의할 점은 여러 층으로 올렸을 경우 물 빠짐이 잘되도록 아랫부분 5~10㎝쯤에 밤톨만 한 자갈이나 손가락 굵기만 한 나뭇가지나 낙엽 부스러기를 깔아주는 것이 좋다.

③ 비닐 포대

비료 포대나 쌀 포대같이 튼튼한 것도 재배용기로 좋다. 포대 위와 아랫부분을 완전히 잘라 버리면 원통형이 되는데, 그대로 세워 흙을 넣어 가꾸며, 높이가 40㎝를 넘을 필요는 없다. 쌀가마용 큰 포대는 흙을 가득 넣고 마구리를 꿰맨 후 눕혀서 위쪽에 적당한 구멍을 내 채소를 기르는 것도 재미있다.

2) 흙 선택

용기는 크기가 한정되어 있으므로 병균이 없는 깨끗한 흙이나 퇴비가 많이 들어 있어 물 빠짐이 좋은 흙을 사용해야 채소가 잘 자란다.

3) 자랄 때 관리요령

① 두는 곳

햇빛이 잘 들고 바람이 잘 통하는 곳이 좋다.

② 물 주기

밭 가꾸기와 달리 물 주기는 상당히 신경을 써야 한다. 원래 흙이 적으므로 겉흙이 마르면 좋지 않으니, 마르지 않도록 물을 충분히 주어야 한다. 그러나 물 주기는 날씨, 용기의 크기, 채소 종류와 크기 등에 따라 조절해야 한다. 봄과 가을 맑은 날에 겉흙이 말라도 채소가 시들지 않으면 다음 날 오전 10시경에 주면 된다. 여름철 고온 건조기에는 하루에 두 번 주어야 할 때도 있으며, 잎채소는 밤에 많이 자라므로 해가 지고 난 후 물을 주면 더 좋다. 또 5~6월경 날씨가 건조하면 진딧물이 많이 발생하므로 잎 뒷면이 충분히 젖도록 해야 한다.

③ 웃거름 주기

용기 가꾸기는 물을 자주 주므로 비료 효과가 빨리 없어진다. 일반적으로 웃거름은 20~25일에 한 번씩 주는 것이 좋지만, 비료 성분이 떨어지는 것을 막기 위해 좀 당겨 주든지, 완전히 발효된 쌀겨나 깻묵을 포기 옆에 뿌리고 흙과 섞으면 좋다. 비료가 준비되어 있으면 물 20ℓ에 한 줌을 녹여 물 주기와 겸한다.

기본적인 재배법

채소 종류는 수십 가지가 있지만 기본적으로 가꾸는 요령은 거의 같다. 밭이 기름지다면 씨앗을 뿌리고 약간의 관심과 정성을 쏟으면 채소는 주인의 성의에 보답해 잘 자라는 법이다.

01 밭 준비

앞 작물을 거둔 후 거친 뿌리나 잡초 등을 골라내고 땅바닥을 어느 정도 고른 다음, 석회비료와 퇴비를 넣고 밭을 뒤집어 준다. 밭이 기름져야 병이나 벌레가 적고 건강하게 잘 자라 맛 좋고 영양가 높은 채소가 나온다.

02 석회비료 주기

기본량은 밭 1평당 물컵 2잔(약 400g)으로, 이 양은 30평에 석회함량 60%인 소석회로 12kg 정도이고, 고토석회(석회함량 53%와 고토 15%)인 경우 15kg 정도가 된다. 작물이 잘 자라는 흙 산도는 앞에서 설명한 것과 같이 서로 다르지만, 특별히 산성에 약한 작물 외에는 대체적으로 기본량 정도로도 무방하다. 석회비료는 뿌리고 그대로 두면 바람에 날려 가니 바로 갈아엎어 흙과 잘 섞는다.

TIP 1평은 일반적으로 이랑 넓이가 1.2m일 때 길이가 2.7m이다.

튀김을 할 때 밀가루를 뿌리는 것처럼 뿌린다.

[그림 10] 석회비료 뿌리기

03 퇴비(堆肥) 넣기

전층시비(全層施肥: 농작물 뿌리가 주로 뻗는 25㎝ 정도 깊이에 거름을 주는 방법)를 기본으로 한다. 재배법에서 '두께 1㎝'로 표기한 것은 1평당 15㎏을 뿌리는 것을 기준으로 표시한 것이다. 흩어뿌리기를 한 퇴비도 바로 갈아엎어 흙 속에 넣어야 한다. 퇴비는 석회와 같이 뿌리고 깊이 섞어도 상관없다. 2가지를 같이 넣으면 질소 성분이 일부 날아간다고 하나 그리 염려할 일은 아니다. 석회와 퇴비는 씨앗을 뿌리거나 모종을 심기 1~2주일쯤 전에 주어야 하나, 3~4주 정도 전에 주면 발효와 가스 발산이 충분히 되므로 더 좋다.

퇴비를 넣는 법

[그림 11] 퇴비넣기

04 밭 갈고 이랑 만들기

씨를 뿌리거나 모를 심는 곳을 이랑이라고 한다. 많은 수분을 싫어하는 채소는 높게 하고, 건조를 싫어하는 채소는 낮게 만든다. 구체적으로 말하자면, 이랑 높이는 토질이나 환경 등에 따라 다르나 장마철부터 여름에 가꿀 때는 15㎝ 정도, 봄과 가을에 비가 그리 많이 내리지 않을 때는 10㎝ 정도로 하면 된다. 평(平) 이랑은 지면처럼 평평하게 하는 것을 말한다. 채소에 따라 이랑 넓이가 다를 수 있으나 보통 1.2m가 무난하다. 양쪽 통로에서 이랑을 밟지 않고도 손을 뻗어 작업하기 때문이다. 이랑 옆에는 반드시 통로가 있어야 하는데 35~40㎝ 정도로 한다.

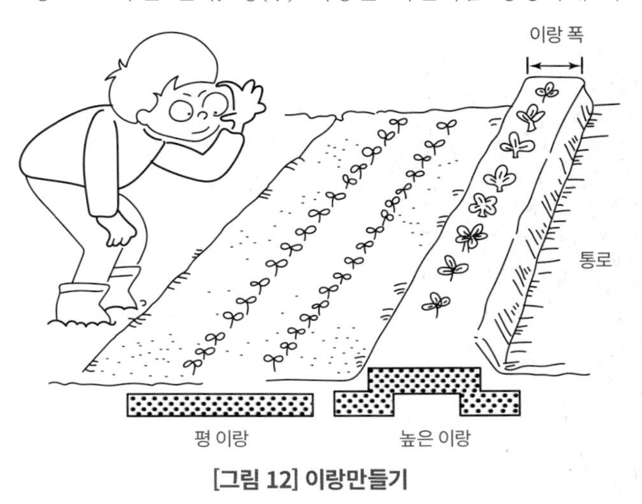

[그림 12] 이랑만들기

05 씨뿌리기(播種, 파종)

유기질(有機質)이 많고 적당한 습기가 있는 밭은 씨앗을 뿌리고 나서 괭이 등으로 가볍게 눌러 씨앗이 흙과 밀착해 모세관 현상에 의해 물기가 쉽게 도달할 수 있게 한다. 그 다음 0.5~1.0㎝ 정도 흙을 덮어준다. 마른 땅에는 물을 듬뿍 주고 완전히 스며든 다음에 씨앗을 뿌리고, 씨앗 봉지에 표기되어 있는 '파종 시기'를 반드시 확인해야 한다. 흙은 보통 씨앗의 3~5배 정도 두께로 덮고, 마르지 않도록 짚이나 풀을 덮어주면 좋다. 싹이 나기 시작하면 덮은 풀은 걷어 내야 한다. 쓰고 남은 씨앗은 봉지나 깡통에 넣어 보존한다. 씨앗을 뿌리는 방법은 이랑 위에 막 뿌리는 흩어뿌리기(散播, 산파), 이랑 위에 호미로 1~2㎝ 정도 골을 파고 뿌리는 줄뿌림(條播, 조파), 그리고 씨앗을 몇 알씩 모아서 뿌리는 점뿌림(點播, 점파)이 있다. 줄뿌림은 김매기, 웃거름 주기, 솎아주기 등 후속 작업이 쉽지만 좁은 곳에서는 생산량이 적은 편이다.

흩어뿌리기는 이랑 넓이에 따라 다르지만 김매기, 솎아주기 등 후속 작업이 조금 어려워도 좁은 곳에서 많이 수확하는 이점이 있다. 다만 줄뿌림보다 통풍이 나쁘고 병과 벌레도 생기기 쉬워 기름진 흙이 아닌 곳이나 처음 가꿀 때는 줄뿌림으로 해 몇 종류의 잎채소를 섞어 심는 게 좋다. 흩어뿌리기를 할 때 처음 해 보는 사람은 씨앗이 작고 양도 적어 어느 정도가 알맞은지 가늠하기 어려워 촘촘하게 뿌리는 것이 일반적이다. 그러나 적게 뿌리는 것이 아닐까 싶도록 뿌리는 것이 오히려 더 낫다. 어떤 파종법을 선택했더라도 파종 후 고르게 잘 뿌렸는가를 확인한 다음 씨앗이 수분흡수를 잘하도록 가볍게 누르고 흙을 덮는다. 덮는 흙 두께는 밭 상태, 즉 수분, 흙덩이 굵기 등에 따라 다르지만 씨앗 크기의 5배 정도가 알맞다. 무, 배추 씨앗같이 작은 것은 0.5㎝ 정도, 시금치는 씨앗이 좀 굵으므로 1~2㎝ 정도로 한다. 씨앗이 아주 작은 채소인 상추, 갓, 배추 등은 씨앗보다 20배쯤 많은 고운 강모래와 잘 섞어 뿌리면 좋다. 그림으로 설명하면 [그림 13]과 같다.

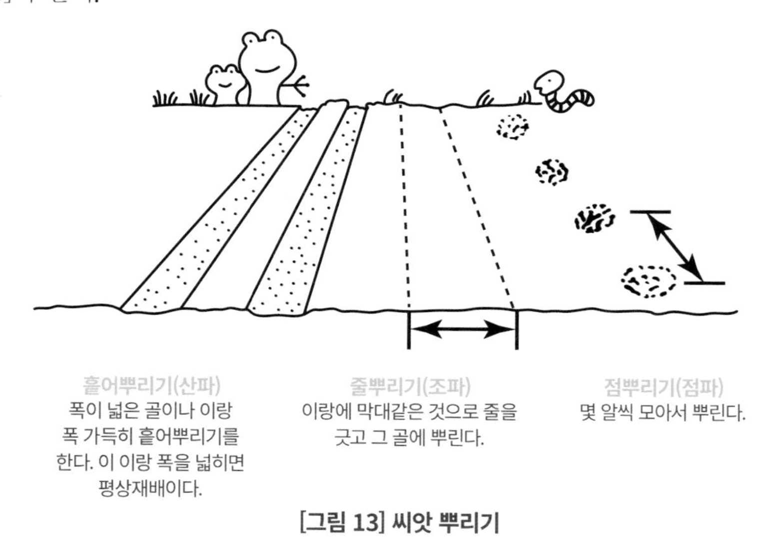

[그림 13] 씨앗 뿌리기

06 솎아주기

씨앗을 뿌린 후 보통 3~7일 정도면 싹이 난다. 무, 배추나 콩 같이 떡잎이 2개인 식물(쌍떡잎식물)은 처음 나는 것이 떡잎인데 첫 번째 솎기는 떡잎이 완전히 났을 때, 그다음은 본잎이 나오고 자라면서 잎이 서로 겹치지 않을 정도로 뽑는 것을 솎아주기라고 한다.

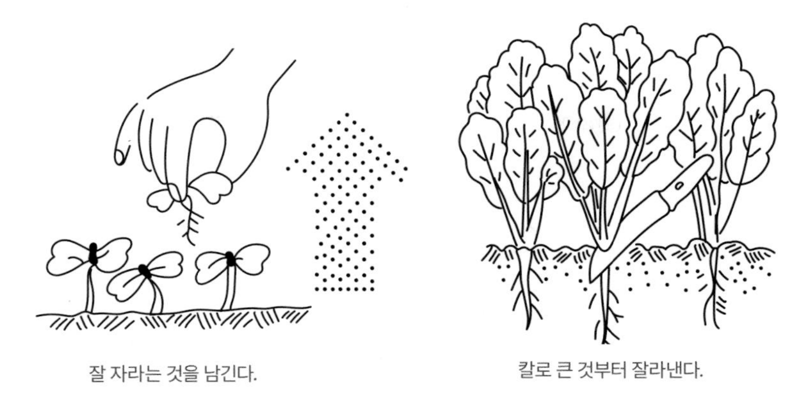

[그림 14] 솎아내는 요령

생육생태를 보면서 촘촘하게 나 잎 모양이 나쁜 것과 약해 보이는 것은 솎음질해야 한다. 그대로 둘 경우 웃자라서 못 쓰게 된다. 적당한 배기로 발아했을 경우는 떡잎일 때는 공생(共生, 서로 다투며 자란다)시키고, 본잎(本葉)이 2~3매 나오면 첫 번째 솎아주기하며, 그 후 수확이 본격적으로 시작되기 전까지 대략 1~2번 더 솎아준다. 솎을 때 다른 포기 뿌리가 상하지 않도록 해야 하는데, 어릴 때는 살짝 뽑아도 되지만 본잎이 3~4장 넘게 나오면 칼로 뿌리목을 잘라야 한다. 시기와 횟수는 작물에 따라 다르고, 땅속에 남은 뿌리는 점차 분해되어 옆 포기에 양분을 공급한다.

07 웃거름 주기

장기에는 충분한 양분이 필요하므로 자라는 상태를 보면서 1개월에 1회 정도 웃거름을 준다. 대체로 땅속뿌리는 잎줄기와 비슷한 속도로 자라므로 바깥쪽 잎 아래를 기준으로 흙을 파 거름을 뿌리고 흙을 섞는다. 흙 비옥도에 따라 잎채소는 자라는 기간이 다르기 때문에 밑거름을 충분히 주었다면 웃거름을 그리 많이 주지 않아도 잘 자란다.

[그림 15] 웃거름 올바로 주는 요령

비료가 부족하면 잘 자라지 않고, 키도 작고, 잎 수만 많다. 게다가 잎이 작고 누렇게 변해 잎과 줄기가 억세 맛이 없다. 항상 깻묵, 쌀겨, 계분 등을 발효시켜 만든 가루 거름을 준비해 두고, 잎 색깔이 엷어지거나 자라는 것이 더디면 포기 사이에 뿌리면 된다. 그리고 잎에 묻은 거름은 물뿌리개로 물을 주면서 씻어 주면 채소가 빨리 자란다. 유기질비료만 주면 초기 자람이 늦어 비료가 부족해서 그런가 하고 생각하지만 3주일쯤 후부터는 튼튼하게 잘 자란다. 처음 가꿀 때 땅이 메마르다고 생각되면 복합비료를 1평에 맥주 컵으로 1/2 정도 뿌리면 잘 자란다. 그러고 나서 웃거름을 흙과 잘 섞어 포기 아래 뿌리고, 옆으로 1~2㎝ 높이로 흙을 모아주는 북주기(배토, 培土)를 한다. 이때 주의할 점은 거름을 절대 한꺼번에 많이 주어서는 안 된다는 것이다. 한꺼번에 많이 주기보다 조금씩 여러 번 나누어서 주는 방법이 가장 좋다.

웃거름 주기 발효 퇴비를 흩어 뿌리고 이랑의 좌우에서 가볍게 북을 준다.

[그림 16] 웃거름 주기

08 김매기(中耕), 북주기(倍土)

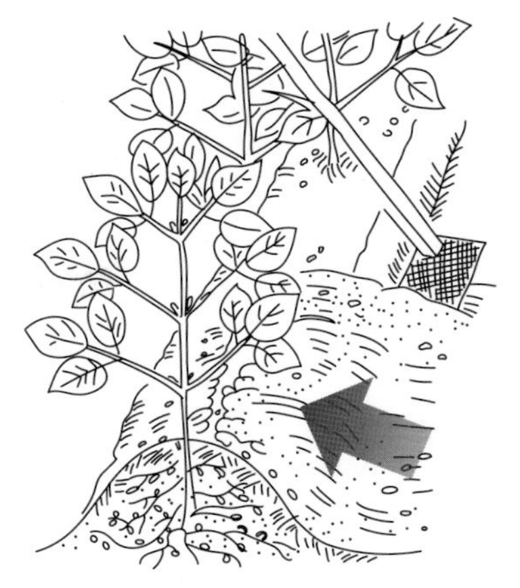

[그림 17] 북주기

어린 채소가 자라기 시작하면 이랑 사이를 가볍게 긁어 뿌리에 산소를 보내 뿌리 활동을 촉진해야 한다. 또 이랑 사이 흙을 줄기 밑동까지 돋우는 북주기는 키가 자란 작물을 받쳐줌과 동시에 김매기 역할도 한다. 김매기와 북주기는 따로 하는 것이 아니라 김매면서 북주기를 한다. 이때 거름을 주면서 같이 하면 더 좋다.

09 거두기

벼나 보리, 과일 등은 다 자라 완전히 익은 것을 수확하지만, 잎채소 같은 것은 솎아주기도 일종의 거두기이다. 필요할 때마다 거두어 먹으면 되는데, 원예용 가위나 칼로 수확하면 편리하다. 시금치, 열무, 엇갈이 배추 등은 큰 것부터 차례로 솎아주는 식으로 거두기를 하면 일찍부터 먹을 수 있다. 솎아주기로 거둔 후에는 물을 뿌려 들뜬 흙을 가라앉혀야 남아 있는 채소가 잘 자란다. 일반적으로 처음 솎아주는 것은 맛이 담백하고, 밭에 오래 있던 것은 맛이 짙다.

10 이어짓기(연작)와 돌려짓기(윤작)

같은 땅에 같은 작물을 계속해서 심으면 점점 생육이 나빠지는데, 이런 문제점이 바로 이어짓기 장해다. 또 채소 종류는 다르더라도 앞에 심은 채소와 식물 분류상 인연이 가깝거나 성질이 흡사하여도 이어짓기 같은 장해가 생긴다. 예를 들면, 고추, 가지, 토마토, 감자는 모두 가짓과 식물로 해마다 고추, 가지, 토마토, 감자 순으로 번갈아 심어도 고추를 4년 계속 이어짓기하는 것과 장해는 비슷하다.

이런 장해를 피하고, 병해충이 느는 것을 막고, 땅을 보다 효과적으로 활용하는 것이 바로 돌려짓기이다. 채소 종류에 따라서는 몇 년 동안 간격을 두어야 하는 기준이 있으므로 '연간재배계획표'를 참고로 계획을 잘 짜야 한다.

[표 10] 연간재배계획표 예

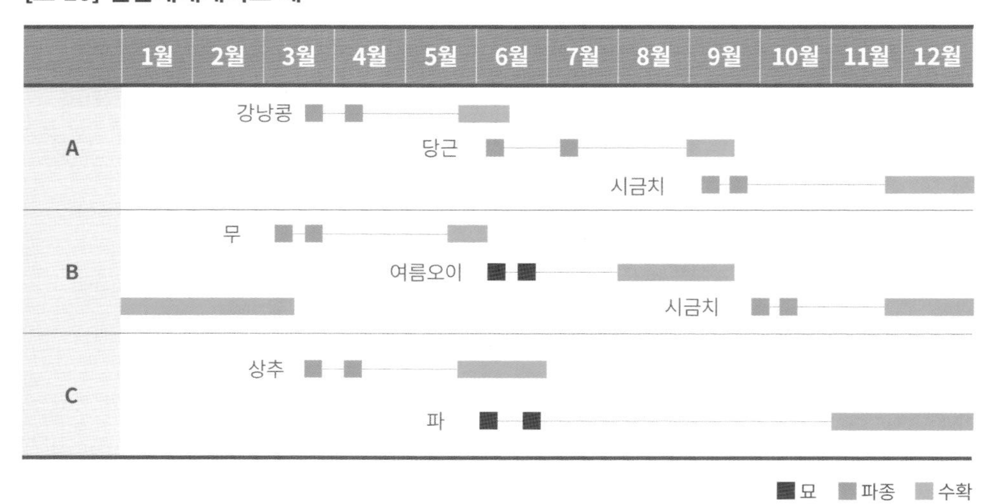

TIP 3월 파종에는 비닐 터널+멀칭 재배 / 가을에 파종하는 시금치, 상추도 비닐 터널 재배

CHAPTER

04

잎채소류

PART 01

여러 가지 잎채소

가꾸기 쉽고 빨리 자라는 텃밭채소 주인공은 단연 잎채소이다. 소박한 작물이지만 언제나 식탁에서 그 가치를 확실하게 보여주고 있다. 항상 깨끗하고 신선한 푸른 채소를 가꾸는 즐거움과 조리하는 행복은 직접 재배하는 사람이 아니면 누릴 수 없는 일이다. 가족의 건강과 다양한 먹을거리를 담당하는 주부에게는 가장 중요한 채소가 아닐까 한다.

봄부터 가을까지 쉬지 않고 가꾸기

잎채소를 재배해 보면 우선 그 풍부한 종류에 놀란다. 같은 푸른 채소라고 하더라도 맛은 가지각색이며, 또 계절과 크기에 따라서 채소 맛이 변한다. 그래서 계절마다 알맞은 요리로 식탁의 즐거움을 맛볼 수 있다. 종류마다 조금씩 파종하면 잎채소를 연중 내내 재배할 수 있어 채소가 부족해지는 일이 없다.

봄(3월)부터 가을(9월)까지 120㎝ 이랑에 50㎝ 길이로 2주일마다 파종하는 게 기준이다. 이때 파종하는 채소는 시금치, 엇갈이 배추, 열무, 상추, 엔다이브, 쑥갓 등이고 터널을 만들어 보온 덮개로 덮으면 남부지방에서는 겨울에도 먹을 수 있다.

주요 잎채소 연중재배 예를 다음 표에서 보자.

[연중 잎채소 재배 계획표]

채소명	파종 시기	1	2	3	4	5	6	7	8	9	10	11	12
시금치	5~8월 제외 언제나												
상추	한여름, 한겨울 제외												
갓	봄 ~ 가을												
엔다이브 (속칭 치커리)	늦가을~2월 제외												
쑥갓	3~4월 8~10월												
엇갈이배추	3~4월 9~10월												
열무	3~10월												
근대	3~4월 9~10월												
청경채	4~6월 8~9월												
배추	8~9월 3~4월												

위 표는 대체적인 기준이므로 지역에 따라 다르다. 제주도, 경남, 전남 해안 지역은 간단하게 비닐 터널만 설치해도 가꿀 수 있다.

잎채소류

01

시금치

명아줏과 / Spinach

시기 여름철 외에는 심을 수 있다.
재배난이도 쉽다. **이어짓기** 1년 1회 재배면 무난하다.

“무농약재배, 즉 유기농업인 무공해재배(無公害栽培)로도 가꾸기 쉬운데, 별다른 병이나 벌레가 없고, 빨리 자란다. 시금치는 각종 비타민(A·B·C), 철분, 칼슘 등이 어느 채소보다 많이 든 알칼리성 채소로 뽀빠이 만화에도 등장한다. 빈혈증, 신장병과 어린이의 뼈 발육에도 특효가 있는 보건 채소이며, 미용에도 좋아 그 수요가 계속 늘고 있고, 한여름만 제외하고 연중재배가 가능하다.”

1) 품종

시금치는 잎과 씨앗이 둥근 서양종, 잎끝이 톱니 모양처럼 들쑥날쑥한 재래종, 또 서양종과 재래종의 교배종 등 여러 품종이 있다. 맛을 크게 좌우하는 것은 품종보다는 비료와 흙이므로 텃밭이나 소규모 재배 시에는 가꾸기가 쉬운 것을 고르는 게 좋다. 씨뿌리기 시기, 내병성(耐病性), 수량성 등을 확인하고 씨앗을 선택해야 하고, 씨앗이 둥근 서양종은 재래종(동양종, 씨앗에 뿔이 있다)보다 추위에 약하므로 참고해야 한다.

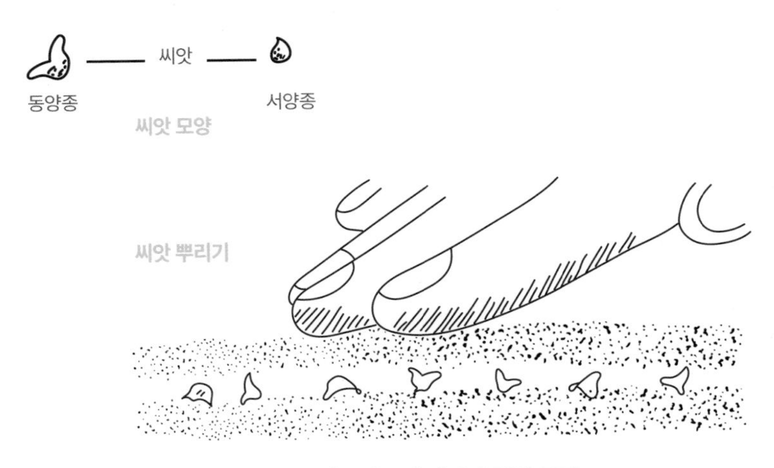

[그림 18] 씨앗과 뿌린 모양

2) 가꾸기 알맞은 환경

① 온도

시금치는 서늘한 기후를 좋아해 더위에는 약하다. 20℃ 이상이면 잘 자라지 못하고, 0℃ 이하에서도 얼지 않고 살아간다. 씨앗이 싹트는 적온이 15~20℃이나 4℃에서도 싹이 튼다. 그리고 햇빛 길이에 가장 민감한 채소로 낮 길이가 12시간이 되는 춘분(3월 22일경)을 기준으로 본잎이 2~3매일 때 고온장일(高溫長日, 봄이 되어 온도가 높아지고 해가 길어짐)이면 꽃대가 올라온다.

재래종은 추위에 강하므로 가을에 뿌리는 것이 좋으며, 봄에 뿌리면 꽃대가 빨리 올라온다. 서양종은 꽃대 나오는 기간이 재래종보다 늦어 봄에 일찍 뿌리는 것이 유리하다.

가장 재배하기 쉬운 시기는 9월~12월인데, 그중에서도 10월 중·하순에 파종하면 이듬해 3월에 수확할 수 있다. 남부지방에서는 노지에서도 월동할 수 있으나 중부지방에서는 비닐 터널을 해야 한다.

② 밭 흙

시금치를 심을 밭 흙은 중성에 가까운 정도까지 조절하는 게 좋다. 밭 흙을 그리 가리지는 않지만 산성흙에서 가장 약하다. 산도는 7 정도가 알맞으며, 5.5 이하에서는 자라지 못하고 잎끝이 누렇게 되면서 말라 죽는다. 반드시 석회비료를 30평당 20㎏ 정도는 주어야 한다. 또 시금치는 초기 생육이 중요하기 때문에 밑거름을 충분히 주어야 한다.

③ 씨뿌리기

시금치 종자는 파종 전에 반드시 하룻밤 정도 물에 담그고, 이튿날 그 씨앗을 잘 씻어 물을 뺀 다음 밭에 가져간다. 씨를 뿌릴 이랑을 만들 동안 그늘에서 적당하게 말리면 파종하기가 쉽다. 또 기온이 높은 9월 초순에는 물에서 건져낸 씨앗을 신문지 2~3매 사이에 끼워 넣고 2~3일간 서늘한 곳에 두고 습기를 머금게 하면 흰 싹이 나오는데, 그것을 파종한다. 물에 담갔던 씨앗을 건져 냉장고에 며칠 두었다가 뿌리는 방법은 여름철 더울 때나 하는 방법이다. 시금치 씨앗은 둥근 것(서양종)과 모난 것(재래종)이 있는데, 같은 숫자라도 모난 것이 부피가 2.5배 정도 많다.

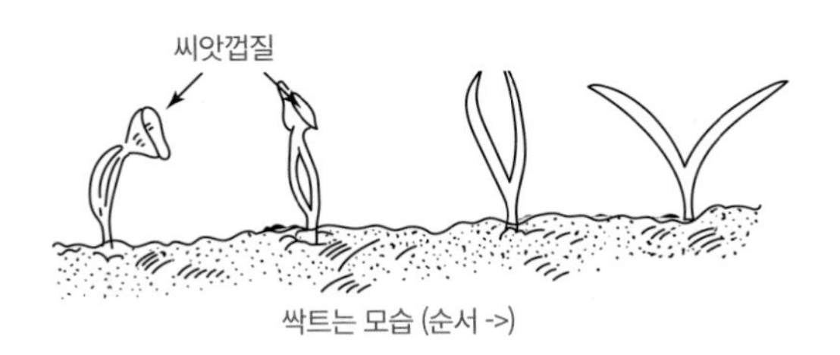

싹트는 모습 (순서 ->)

솎기요령
잎이 늘어지지 않을 정도로 두어야 좋다.

[그림 19] 싹트기 · 솎는 요령

④ 솎아주기 및 거두기

시금치가 어릴 때는 오히려 촘촘하게 심는 편이 잘 자라므로 처음에는 촘촘하게 심어 크면서 솎아준다. 싹튼 지 2주일쯤 되었을 때 큰 것부터 솎아주면 된다.

시금치 씨앗을 뿌려서 수확까지 걸리는 시간은 가을에는 50일, 여름에는 35일경, 봄에 뿌리면 40일 정도가 걸린다. 병이나 벌레는 거의 없고, 요즘은 텃밭 같은 곳에 농약을 뿌리지 않고 가꾸기 때문에 간혹 벌레나 병이 든 것이 보이면 즉시 잎을 뜯거나 포기를 뽑아 흙 속 20㎝ 아래쯤에 묻어 버리면 된다.

잎채소류

02

엇갈이 배추

배춧과 / Napa Cabbage

시기 3월 파종, 12월까지 가능
재배난이도 쉽다. **이어짓기** 1년 1회 재배면 무난하다.

1) 품종
엇갈이 배추라고 해서 따로 품종이 있는 것은 아니다. 보통 배추는 씨앗을 뿌리고 60~75일 만에 통배추를 거두는데, 배추를 수확하고 땅이 잠시 비는 짧은 기간(약 35일 경) 동안 재배해 통이 차기 전에 뽑는 것을 말한다. 요즘은 엇갈이용 씨앗이 있으므로 텃밭용으로 1작(20㎖)만 사도 20평은 심을 수 있다(1작은 대략 3,000개 정도). 땅 가꾸기는 보통 채소와 같고, 가꾸기도 쉬워 특별히 신경 쓰지 않아도 된다.

2) 씨뿌리기
봄에 뿌림과 가을에 뿌림이 있고 생태계가 형성되지 않은 밭에서는 봄에 뿌린다. 여름에는 배춧잎벌레, 청벌레(배추흰나비의 애벌레), 파밤나방, 배추좀나방 애벌레, 달팽이 등 벌레 피해가 커 경우에 따라서는 떡잎 때 없어지는 수도 있다. 가꾸기 쉬울 때는 가을 파종이다. 가을부터 초겨울까지 기를 수 있는데, 특히 남부지방에서는 비닐 터널에 심어 밤에 거적을 덮어주면 3월 말까지도 거둘 수 있다. 봄과 여름에는 씨앗 뿌린 후 30~40일 지나면 수확기가 되므로 2주일마다 씨앗을 뿌리면 계속 뽑아 먹을 수 있다.

3) 관리
엇갈이 배추는 가꾸기 쉬워 솎음질 외에는 별다른 관리요령이 필요 없을 정도로 적당한 간격으로 솎아주기만 하면 잘 자란다. 또 싹이 알맞게 나오면 떡잎 때 솎아주기는 하지 않는 것이 오히려 좋고, 촘촘하게 난 곳만 약간 솎아주면 된다. 본잎이 3~4장 나오고 키가 7~10㎝쯤 자랐을 때 잘 자라지 않은 것이나 병해충 피해를 받은 것을 중심으로 솎아준다. 솎아주기를 하지 않으면 웃자라서 잎줄기만 긴 배추가 되고, 너무 솎아주면 자리가 넓어져 줄기가 굵고 땅딸막하게 퍼진 포기가 되고 만다. 솎아준 후에는 옆에 있는 흙을 모아 가볍게 북주기하는 게 좋다.

4) 벌레 막기
농작물과 벌레는 어쩔 수 없이 먹고 먹히고 관계이다. 근본적으로 막는 방법은, 작은 면적일 때는 거름과 비료를 주고 밭을 갈아 씨를 뿌린 즉시 흰 모기장을 씌워주면 안전하다. 유기농약이라도 안 뿌리는 것이 좋지만 여름철에 그대로 두면 피해가 너무 크므로 떡잎이 나오고 본잎이 2매 정도 나올 때 유기농약 같은 것을 1주일에 2번 정도 주면 괜찮다.

잎채소류

03

쑥갓

국화과 / Crown Daisy

시기 3월~12월 **재배난이도** 쉽다.
이어짓기 별문제 없다.

“ 쑥갓은 병해충이 거의 없고 가꾸기가 쉬워 텃밭채소의 대표라고 할 수 있다. 향기롭고 상큼하여 누구나 좋아하는 채소이다. ”

1) 품종과 씨뿌리기

씨앗은 품종분화가 별로 없으므로 가까운 종묘상에 가서 1작 정도 사면 5평 정도는 뿌릴 수 있다. 씨앗을 뿌릴 때는 120㎝ 이랑에 길이로 4줄 정도, 또는 이랑과 직각으로 15㎝ 간격으로 줄뿌림하든지 흩어뿌리기를 해도 별문제가 없다.

[그림 20] 씨앗과 싹튼 모양

2) 거름주기

거름은 밑거름 중심으로 퇴비를 많이 주고, 자라는 상태를 보고 깻묵 등을 발효시킨 가루 거름을 웃거름으로 뿌리고 물을 충분히 주면 잘 자란다. 봄 3~4월과 가을 9~10월이 재배하기 쉬운 시기이지만 여름에 뿌려도 된다. 이럴 경우는 하룻밤 물에 담갔다가 싹틔우기를 한 다음에 뿌리는 것이 좋다.

3) 솎아주기와 거두기

키가 10㎝쯤 자라는 동안에 큰 것을 먼저 솎아주기로 수확하여 포기 사이를 5㎝로 한다. 15㎝쯤 자랐을 무렵에는 땅에서 5㎝쯤 높이에 있는 줄기를 끊듯이 따서 수확해 포기 사이를 10㎝ 정도로 한다. 2회째 이후에는 남겨진 줄기 아랫부분에서 곁눈이 자라므로 그것을 또 마찬가지로 따내어 수확한다. 꽃대가 나올 때 봉오리를 따내면 계속 솎아줄 수 있고, 봉오리에는 쓴맛이 있기는 하지만 그것이 입맛을 돋운다.

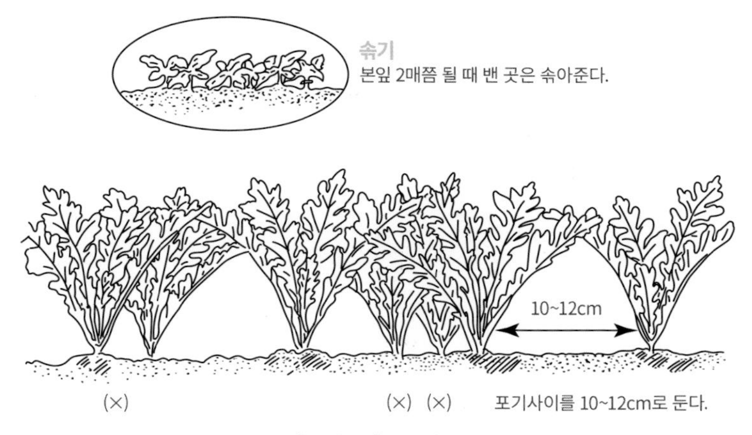

[그림 21] 솎는 요령

쑥갓 수확은 뽑는 식보다 순지르기식이 일반적이다.
잎이 12잎 넘게 되면 줄기 아래 4~5마디 쯤에서 끊어내듯 하면
그 아래 곁눈이 자라므로 계속 이런 식으로 수확한다.

[그림 22] 순지르기식 수확요령

잎채소류

04

근대

명아줏과 / Swiss Chard

시기 3월~12월 **재배난이도** 쉽다.
이어짓기 별문제 없다.

“거의 1년 내내 밭에서 거둘 정도로 생육이 왕성하고 수확량도 많아 누구나 별 어려움 없이 가꿀 수 있다. 거둔 잎을 데친 후 물에 잘 우려내면 단맛이 난다.”

1) 품종

근대는 품종분화가 별로 없고, 종자 1개에 씨앗이 2~3개 붙어 있는 특이한 형태로 씨앗을 뿌리면 한곳에서 싹이 2~3개가 나오므로 너무 촘촘하게 뿌리지 않도록 한다. 씨앗이 굵은 편이므로 1dℓ(5작)로 5평 정도 땅에 뿌릴 수 있다.

2) 연중재배(年中栽培)

언제라도 재배할 수 있으나 자라기 쉬운 철은 봄 3~5월 파종, 가을은 9월 파종, 여름은 7월 파종이다. 일반적으로 봄뿌림을 하나 남부지방은 가을에 뿌리기도 하는데, 하우스에서 월동한 것이 꽃대도 늦게 나오기 때문에 봄채소가 본격적으로 나오기 전까지 밥상에 올릴 수 있다. 그리고 채소를 가꾸기 어려운 한여름에도 기운차게 잘 자란다.
또 25㎝ 정도 크기를 포기째로 수확하고자 할 때는 엇갈이 배추에 준하여 봄과 여름에는 조금씩 뿌리고, 남부지방에서는 10월에 파종하여 월동시킨다. 그러나 중부지방은 춥기 때문에 가을 서리를 맞으면 포기가 죽어버리므로 재배하지 못 한다.

3) 일반관리

종자가 커서 촘촘하게 자라는 일은 적다. 어릴 때는 약간 빽빽한 듯이 자라게 하다가 5~6㎝ 되었을 무렵부터 솎아주기 수확을 한다. 자주 파종해 어릴 때 수확하는 것보다 포기 사이를 20~30㎝로 심어 큰 포기로 키운 다음 겉잎을 따서 먹으면 더 낫다. 근대는 자라는 기간이 길고 생육이 왕성해 잎이 많이 나오므로 거름을 충분히 주어야 맛 좋은 잎을 거둘 수 있다. 밑거름으로 퇴비를 많이 주고 웃거름도 깻묵 썩힌 것이나 가루비료를 자주 주면 좋다.

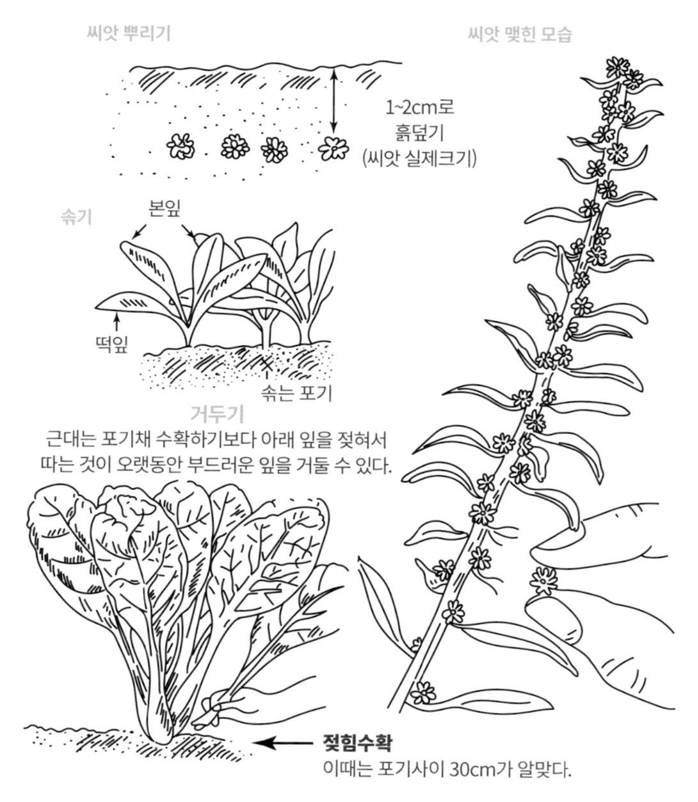

[그림 23] 근대 씨앗뿌리기 · 솎기 · 수확 · 씨앗 맺힌 모습

4) 병과 벌레

병해충은 별로 없는 편이나 밤중에 기어 나와 포기 밑동을 갉아 먹는 거세미(夜盜蟲)가 생기는 경우가 있는데, 면적이 작을 때는 아침 일찍 쓰러진 포기 옆을 파서 숨어 있는 벌레를 잡아 죽인다.

잎채소류

05

케일

배춧과 / kale

시기 4월~12월 **재배난이도** 약간 까다롭다.
이어짓기 별문제 없다.

"케일은 반찬용 잎채소라기보다는 녹즙용 영양채소로 더 잘 알려져 있다. 생김새는 통이 차기 전 양배추처럼 생겼으나 통이 차지 않고 계속 줄기가 자라면서 잎을 따낸다. 비타민 A, B2, C가 매우 많고 카로틴양도 높으며, 무기염류, 특히 흡수가 쉬운 철분이 아주 풍부한 채소라서 생즙을 이용하는 보건식품으로 각광받고 있다. 너무 크지 않은 잎, 즉 손바닥만 한 것은 쌈으로도 이용한다. 자라는 기간이 길기 때문에 오랫동안 계속 수확할 수 있어 텃밭에 10~20여 포기만 심어도 충분하다."

1) 씨뿌리기와 솎아주기

케일은 양배추처럼 어떤 땅에서도 잘 자라고, 여름 더위에도 계속 새잎이 나와 자라는 강건한 채소이다. 남부 해안지방에서는 씨앗을 8월 하순부터 9월 중순까지 뿌린다. 씨앗을 너무 빨리 뿌려 줄기가 굵은 상태로 월동하면 이듬해 봄 꽃대가 나와 못쓰게 되므로 남부지방에서는 양배추 파종할 때 같이 하는 게 안전하다.

케일은 온도 범위가 넓어 좀 추워도 잘 견디는 채소로, 양배추 종류 중에서는 추위에 견디는 힘이 가장 강하다. 그러나 중부지방에서는 하우스가 아닌 밭에서 겨울을 나기 어려우므로 봄 4월경에 뿌려 가꾸는 것이 좋다. 싹이 트면 촘촘한 곳은 솎아 잎과 잎이 서로 맞닿지 않도록 하고, 자라는 대로 계속 솎아 좋은 모종이 되도록 한다.

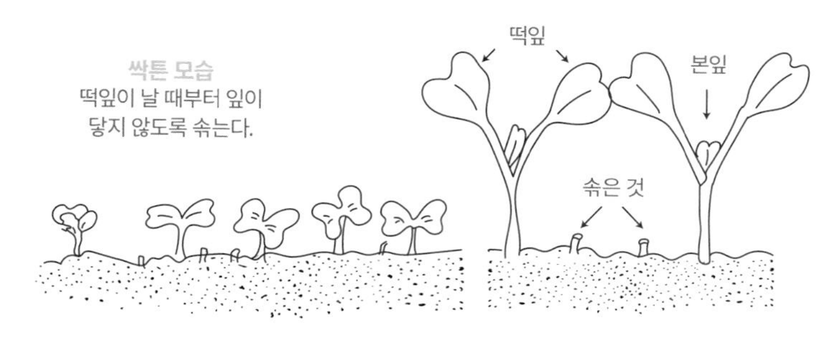

[그림 24] 싹트기와 솎기

2) 밭에 심기

밭에 심는 시기(정식, 定植)는 보통 씨앗을 뿌린 후 45일쯤 되어 본잎이 5~6매 나왔을 때 포기 사이 40cm 간격으로 심는다. 묘판 면적이 여유가 있어 옮겨 심지 않고 그대로 자라게 하면 더 잘 자라고 병에도 강하다. 거름도 충분히 주고 심는데, 웃거름은 깻묵을 발효시킨 것으로 물거름은 3주일 간격으로 주는 것이 좋다.

[그림 25] 밭에 심기 적당한 묘

3) 잎 따기

잎은 줄기가 자라면서 계속 나오므로 줄기에 붙여 젖히면서 따낸다. 항상 펴진 상태의 잎이 6~7매 정도는 있어야 다음 잎이 잘 자란다.

[그림 26] 잎 따기

4) 벌레 막기

케일을 가꿀 때 가장 어려운 것은 벌레 피해이다. 채소 종류 가운데 청벌레와 진딧물 피해가 가장 많은 채소가 아닐까 싶을 정도이다. 되도록이면 잘 살펴 벌레 알(주로 잎 뒷면에 낳는다)이 보이면 그 잎을 따 땅속에 묻어 버리는 것이 가장 좋은 방법이다. 청벌레가 보이면 즉시 잡아 없애고, 진딧물이 초기에 발생해 한곳에 모여 있으면 잎을 따서 땅속에 묻어 버리거나 요구르트를 분무기에 넣어 진딧물 몸이 완전히 젖도록 뿌리면 효과가 있다. 요구르트가 마르면서 진딧물 몸을 위축시키고 숨구멍을 막아 죽이기 때문이다. 이 방법은 다른 채소에도 쓸 수 있다. 케일처럼 1주일에 한두 번씩 잎을 따서 날것으로 먹는 채소에 농약을 뿌린다는 것은 여간 찜찜한 일이 아니다. 텃밭채소를 가꾸는 가장 큰 이유 중의 하나가 농약 안 뿌린 유기농 채소인데, 농약을 뿌려야 할 정도로 벌레가 생기면 속이 상한다. 잘 살펴서 큰 벌레는 좀 징그럽더라도 잡고, 진딧물처럼 작은 벌레가 있는 잎은 따서 땅속에 묻는 것이 좋다. 그러나 때에 따라서는 유기농약을 뿌릴 필요도 있다. 별문제가 없으니 너무 민감하게 반응할 필요는 없다.

잎채소류

06

열무

배춧과 / Young Radish

시기 3월~가을 **재배난이도** 쉽다.
이어짓기 별문제 없다.

1) 품종과 씨뿌리기

무 씨앗을 뿌려 뿌리가 들기 전에 뽑아 이용하는 잎채소이다. 뿌리가 약간 굵어져도 솎아주지 않고 그냥 자라게 하여 잎을 이용하고, 무가 나오지 않는 시기에는 잎만 이용할 수가 있다. 가꾸기도 쉽고 자라는 기간도 봄과 가을은 40~50일, 여름은 25~30일이면 충분하기 때문에 연중 여러 번 재배할 수 있다. 종묘상에 가면 좋은 품종이 많으므로 가정 텃밭에서는 1홉만 있어도 꽤 많이 심는다.

2) 거름주기

거름은 밑거름으로 퇴비를 충분히 주면 웃거름은 따로 주지 않아도 되나 자라는 것을 보아 깻묵 발효시킨 것이나 요소비료를 물거름으로 준다. 씨앗을 뿌릴 때는 줄뿌림이나 흩어뿌리기 가운데 어느 방법도 좋으나 너무 빽빽하면 웃자라고 씨앗도 필요 이상으로 많이 들어 약간 드문드문 뿌리는 것이 좋다.

3) 일반관리와 거두기

3월부터 9월까지 언제나 뿌릴 수 있으나 7~8월은 더위 때문에 가꾸기가 조금 까다롭다. 여름철은 더위와 장마로 생리 장해와 병해충 염려가 있으므로 가정에서는 간단하게 30% 정도 비 가림 그물을 땅에서 1.5m 정도 높이에 설치하면 좋다. 그러면 잎도 약간 웃자라고 소나기 피해도 막는다. 이 방법은 다른 채소에도 마찬가지 효과가 있다.

4) 병과 벌레

병해는 거의 없으나 봄이나 여름에 가꿀 때는 벼룩, 청벌레, 배추좀나방 애벌레 등이 생기므로 주의해야 한다. 앞에서 몇 번 설명한 것처럼 망사 터널을 만들어 덮는 게 가장 효과적이다.

잎채소류

07

갓

배춧과 / Leaf Mustard

시기 3월~12월 **재배난이도** 쉽다.
이어짓기 별문제 없다.

1) 품종

봄부터 출하하는 김치나 겉절이 채소로 키가 20㎝ 정도 자랐을 때가 좋다. 또 키가 25㎝쯤 되어 가을 첫서리를 맞은 것은 김장거리로 각별한 맛을 낸다. 중부지방이라면 9월 10~15일에 파종하면 알맞은 정도로 자란다.

갓은 잎이 푸른 '청갓', 자색인 '적갓', 그리고 두 가지 색깔이 섞인 '반청갓'이 있는데, 적갓으로 김장을 하면 붉은 색깔이 우러나 김장배추를 곱게 물들이기도 한다. 그리고 예로부터 유명한 전라남도 여수 돌산 지방의 '돌산갓'은 특이하게 크기도 크고 맛도 상큼해 큰 인기가 있다.

2) 씨뿌리기

씨앗은 종묘상에서 쉽게 구할 수 있고 조금만 있어도 많이 심을 수 있다. 갓이나 배추 씨앗은 1작이 3,000알이나 되니 참고하길 바란다.

갓 씨앗을 뿌릴 때는 흩어뿌리기도 상관없지만 줄뿌림하면 가꾸기가 더 쉽다. 씨앗이 작으므로 같은 굵기의 모래나 흙을 씨앗의 20배 정도 섞어 뿌리면 빽빽하지 않게 자란다. 너무 빽빽하게 자라면 솎아주는 일도 쉽지 않으므로 뿌릴 때 드물다는 기분으로 하면 된다.

3) 솎아주기와 거두기

자라는 대로 계속 솎아주면 부드럽고 좋은 갓을 먹을 수 있다. 김장할 것은 마지막 솎을 때 사방 10㎝ 간격으로 두면 된다. 병과 벌레는 거의 없다.

잎채소류

08

상추

국화과 / Lettuce

시기 봄~가을 **재배난이도** 보통
이어짓기 보통(2~3년)

“ 옛날부터 우리 식탁에서 쌈용으로 가장 사랑받는 채소로 텃밭에 심으면 얼마든지 재미있게 가꿀 수 있다. 상추는 씨앗이 트고 자라는 데는 15~20°C의 비교적 서늘한 날씨가 좋고, 30°C 이상 더위에는 자람이 멈춘다. 특히 온도가 높으면 잘 자라지 못하고, 병이 생길 수도 있고, 꽃대가 나오고, 쓴맛이 많아진다. 그래서 여름 재배는 어렵다. ”

1) 종류와 씨뿌리기

우리나라에는 옛날부터 '뚝섬 오그라기(붉은 것, 푸른 것)'와 줄기가 자람에 따라 아래의 잎을 따내는 잎상추(재배 농가에서는 '찹찹이'라고도 함)가 있는데 요즘은 종묘상에서 교배종을 만들어 여름에도 꽃대가 늦게 나오는 품종(만추대성, 晩抽薹性)이 있다.

씨앗은 약간 길쭉한데 씨를 깊게 뿌리고 흙을 많이 덮으면 싹이 잘 나오지 않는 대표적인 채소이다. 이런 채소를 호광성(好光性) 종자라고 한다. 그래서 싹을 잘 틔워 제대로 서게 하기 위해서는 흙을 씨앗의 20배 정도 섞어 줄뿌림하고, 그다음 가볍게 눌러 짚 같은 것을 덮고 물을 준다. 물론 싹이 나오기 시작하면 덮었던 짚은 걷어 내야 한다. 씨앗은 4월부터 5월인 봄에 뿌림과 9월인 가을에 뿌리는 것이 표준이나 새로 개발한 여름용 종자는 6월에도 뿌릴 수 있다. 상추는 옮겨심기에 잘 견디므로 밭 한쪽에 뿌려 두었다가 자라는 대로 솎아주고, 본잎이 5~6잎일 때 밭에 20~25㎝ 간격으로 심으면 된다.

2) 거름주기

심기 2주일쯤 전에 석회와 퇴비를 충분히 넣고 잘 뒤섞어 주면 된다. 특히 상추는 산성인 흙에서는 잘 자라지 못하므로 석회비료는 꼭 주어야 한다. 30평에 20㎏ 정도가 기준이다. 상추는 한 번 심고 계속 수확하므로 심은 후 1달쯤부터 3주일 간격으로 깻묵을 발효시킨 물비료나 비료를 포기 옆에 뿌려야 좋다. 필요하면 유안비료(질소질 20%)나 복합비료 18-0-18을 구입하여 포기 사이에 찻숟갈로 1개 정도쯤 줘도 된다.

3) 일반관리

상추는 날것을 먹으므로 심기 전에 검은 비닐을 이랑에 깔거나 신문지를 몇 겹 덮어 빗물에 흙이 튀어 올라 잎 뒷면이 더러워지지 않도록 하면 흙 수분도 유지하고 깨끗한 잎도 거둘 수 있다. 자라는 대로 아래 잎을 줄기에 최대한 가깝게 젖혀 따서 이용하고, 위쪽 잎은 6~7잎 정도는 남겨야 다음 자람이 순조롭다. 꽃대가 자라서 꽃봉오리가 보일 때쯤이면 더 둘 필요가 없으므로 뽑아서 버린다. 병해충은 거의 없으나 간혹 장마철에 달팽이가 보이면 손으로 잡고, 잎에 곰팡이가 피면 잎을 따서 땅속에 묻어 버리는 것이 안전하다.

잎채소류

09

엔다이브와 치커리

국화과 / **Endive & Chicory**

시기 3월~가을 **재배난이도** 쉽다.
이어짓기 별문제 없다.

"우리나라에서 일반화된 지 그리 오래되지 않은 서양 채소라서 그런지 흔히 엔다이브와 치커리를 혼동하는 경우가 많은데, 둘 다 분류학상 국화과(科) 치커리속(屬)인데 종(種)은 엄연히 다르다. 그러나 성질이나 자라는 환경조건은 비슷하여 가꾸는 방법도 거의 같다."

1) 엔다이브

① 종류

엔다이브는 잎이 톱날처럼 결각이 심한 것과 상추처럼 둥근형이 있다. 소비자들은 톱날처럼 깊이 파이고 색깔이 짙은 녹색을 좋아한다.

② 가꾸기

7~8월은 몹시 습하고 날씨가 너무 더워 잎이 짓물러 버리는 경우가 있으니 파종은 5월 하순~6월 상순에 하고, 더울 때는 햇빛을 가리는 그물을 씌워주면 된다. 가꾸는 방법은 상추와 비슷한데 심는 거리는 상추보다 좀 더 넓게 사방 25㎝에 한 포기씩 심는 것이 좋다. 씨앗을 뿌리고 싹이 나오면 솎아주기를 하다가 마지막에 25㎝ 사방으로 가꾸는 방법과 모종을 길러 상추처럼 옮겨심기하는 방법이 있다. 상추보다 잎이 훨씬 많으므로 거름은 20% 정도 더 주는 것이 좋다.

옮겨심기하거나 그대로 기른 경우 모두 생으로 먹으므로 포기 아래 검은 비닐이나 신문지를 여러 겹 깔아 흙이 잎으로 튀어 오르거나 땅이 메마른 것을 막아야 한다. 잎은 상추처럼 아래 잎부터 줄기가 상하지 않도록 조심해서 젖혀 따는데, 위쪽에는 10~15잎 정도 남겨 두어야 잘 자란다.

③ 거두기

엔다이브는 잎이 잘 자라므로 자주 따서 잎이 서로 엉키지 못하도록 하는 것이 중요하다. 대개 봄과 가을에 가꾸는 것이 쉬운데, 3월 초·중순에 뿌린 것은 6월 말에 수확을 끝내고, 8월 중·하순에 뿌린 것은 중부지방은 서리가 내릴 때까지, 남부지방은 이듬해 4월까지 수확한다.

④ 병과 벌레

상추보다 추위에 더 강하고, 야생 그대로의 식물 습성이 남아 있어 쓴맛도 강하다. 병과 벌레도 거의 없으므로 온도 조건만 잘 맞춘다면 가꾸는 데 별 어려움이 없다.

2) 치커리

① 종류

주로 이용하는 부위가 잎과 뿌리인지라 종류도 잎 치커리와 뿌리 치커리로 나눈다. 뿌리 치커리는 무나 당근처럼 뿌리가 굵은 다음에 수확해서 가공하거나 조리에 사용하므로 가급적이면 직파 재배해 크고 좋은 뿌리가 되도록 가꾸어야 한다.

'치커리 차'란 바로 이 뿌리를 이용한 것이다. 치커리는 잎줄기가 길고 결각이 있는 것도 있으며, 잎도 초록색과 붉은색이 나는 것 등 여러 형태가 있다. 잎도 긴 타원형으로 쓴맛이 상추보다 강하고 엔다이브와 비슷하다. 품종을 정할 때는 쓸 곳에 따라 정확하게 구매해야 한다.

② 가꾸기

상추나 엔다이브와 가꾸기는 거의 같다. 뿌리 치커리는 직파하는 것이 좋으나 잎 치커리는 모종을 길러 옮겨심기하는 게 유리하다. 그 외에 가꾸는 방법이나 웃거름 주기, 물주기 및 병해충 방지법은 엔다이브와 비슷하므로 참고하길 바란다.

잎채소류

10

중국배추

배춧과 / Bok-choy

시기 봄~가을 **재배난이도** 보통
이어짓기 별문제 없다.

“ 여러 서양 채소와 함께 '양채류'란 이름으로 도입되어 음식점과 가정에 공급되어 왔으나, 지금은 그 독특한 모양과 맛으로 상당히 일반화되었다. 배추잎자루(엽병, 葉柄)가 짧고 녹색인 것은 청경채(靑莖菜)이고, 흰 것을 백경채(白莖菜)라고 한다. 청경채는 배추의 한 종군(種群)으로 일반 배추에 비해 잎보다는 잎자루가 뚜렷하고, 잎자루를 주로 먹는다. 기르는 법은 배추와 비슷하나 크기가 월등히 작으므로 촘촘하게 심을 수 있고 솎음배추 형태로 재배하면 된다. ”

1) 씨뿌리기

솎음배추와 같이 일정한 기간 없이 필요할 때 씨앗을 뿌린다. 그러나 7월이나 8월같이 한여름 온도가 높을 때는 자라기 어려우니 피하는 것이 좋다. 봄철은 3월 하순~6월 중순, 가을철은 8월 하순~9월 중순경에 필요할 때마다 조금씩 뿌려 가꾸는데, 1.2m 이랑에 흩어뿌리기를 하고 어릴 때는 잎이 서로 가볍게 닿을 정도까지 솎아주기를 하는 게 좋다.

2) 거름주기

밑거름은 다른 잎채소와 같고, 자라는 기간이 봄과 가을에는 40일 정도, 더울 때는 30일 정도로 짧으므로 밑거름을 넉넉히 주면 웃거름을 따로 주지 않아도 된다. 본잎이 2~3잎 나올 때 물비료만 주면 된다. 그리고 땅은 적당히 촉촉하도록 1~2일에 1번 정도 물을 주면 맛있고 부드러워진다.

3) 거두기

청경채는 쌈용, 샐러드용뿐만 아니라 튀김 등 다양하게 쓰인다. 언제든지 뽑아 이용할 수 있으나 키가 20㎝ 정도 자라고 잎줄기가 어느 정도 커졌을 때가 가장 좋다.

잎채소류

11

들깨

꿀풀과 / Perilla Leaf

시기 봄~가을 **재배난이도** 쉽다.
이어짓기 별문제 없다.

“들깨 씨앗은 예로부터 들기름을 짜서 식용으로 이용해 왔는데, 불포화지방산이 많아 영양학적으로도 뛰어난 건강 자양식품이다. 요즘은 잎도 많이 이용하는데, 쌈과 각종 탕으로도 많이 쓴다. 들깨 특유의 냄새는 페릴라케톤(perillaketone)이란 배당체로, 그 냄새 때문에 병이나 벌레가 거의 없다. 땅도 가리지 않고 무성하게 잘 자라 잡초가 자라지 못하게 하는 등 여러모로 가꾸기 쉽다. 텃밭에 20여 포기만 심어도 잎은 계속 이용할 수 있다.”

1) 종류와 품종

들깨와 비슷해 향신료로 쓰이는 것 가운데 방아와 차조기(자소, 紫蘇)가 있다. 방아는 키도 작고 잎도 작으나 야생성이 있기 때문에 들깨보다 향이 더 짙어 된장을 끓이거나 생선을 조리는 데 조금만 넣어도 비린 냄새 같은 잡냄새를 없애준다. 연명초(延命草)라고도 하며 쓴맛이 나는 건위제(健胃劑)로서 복통, 설사에도 쓰인다.

차조기도 키와 잎은 들깨보다 작으며 잎에 톱니가 있고, 끝이 뾰족한 편이며, 잎 색깔은 보랏빛이다. 방아와 차조기는 야생 상태에 있는 것을 뜯어 생육하는데 여러 연구결과를 보면, 건강을 증진시키는 성분이 있어 건강채소로 각광받고 있다. 들깨는 잎과 씨앗을 쓰는데, 요즘은 잎만 먹는 들깨 품종을 만들어 보급하고 있다.

2) 가꾸기 알맞은 환경

동남아시아가 원산지이므로 높은 온도를 좋아한다. 흙에 대한 적응성이 좋아 밭을 별로 가리지 않고, 너무 기름지면 오히려 웃자라므로 거름은 적당히 주는 것이 좋다.

3) 가꾸기

① 밭 준비

미리 퇴비와 고토석회를 뿌려 깊이 갈아 두었다가, 심기 일주일 전에 복합비료를 5평에 한 줌 정도 뿌리고 다시 흙을 뒤집어 120㎝ 이랑을 만든다.

② 모종 기르기와 심기

씨는 4월 중순~하순에 뿌린다. 씨앗을 뿌려 그대로 가꾸기도 하나, 모판을 만들어 사방 10㎝ 간격으로 5알 정도씩 뿌려 두었다가 본잎이 1잎쯤 나오면 2포기만 남기고 솎아 버리고, 본잎이 4~5매 정도 자라면 밭에 옮겨 심는다. 심기 전에 구덩이 깊이와 넓이를 10㎝ 정도 파고 물을 가득 준 후 스며들면 심는다. 모판에서 자란 모종 2~3개를 흙째 뽑아 심고 흙을 가볍게 덮는다.

심는 간격은 잎과 열매를 모두 수확하려면 120㎝ 넓이 이랑에 60㎝ 간격으로 2줄, 포기 간격은 50㎝로 해서 웃자라지 않은 모종을 한곳에 1~2포기 정도 심는다.

들깨는 생명력이 아주 강해 뿌리에 흙을 붙이지 않고 그대로 뽑아 심어도 잘 살기 때문에 모판에 흩뿌려 사방 3~4㎝에 1포기씩 키우다가 옮겨 심어도 된다. 그러나 잎을 목적으로 들깨를 심을 때는 사방 15×12㎝ 정도에 1포씩 촘촘하게 심어 원줄기만 키우면서 잎을 딴다.

③ 김매기, 북주기, 웃거름 주기

심은 후 20~30일쯤 되어 잡초가 나면 웃거름으로 발효 깻묵이나 쌀겨, 또는 요소나 유안 등을 포기 주위에 뿌리고 김매기를 하면서 3㎝ 정도 북주기한다. 들깨는 부드러운 아래 줄기가 흙에 닿으면 나오는 뿌리인 막뿌리가 잘 나오므로 북주기하면 튼튼히 잘 자라고 잘 쓰러지지도 않는다. 장마철 전인 6월 중순경 생육상태를 봐 가며 웃거름을 한 번 더 주고, 김매기와 함께 5~10㎝ 정도 북주기한다.

[그림 27] 옮겨 심기 알맞은 들깨묘

④ 물 주기, 볏짚 덮기

김매기를 두 번 한 후 볏짚이나 신문지 여러 겹을 포기 사이에 덮어주면 흙을 부드럽게 하고 잘 마르지도 않는다. 장마철 후 8월~9월에 땅이 마르면 잎 뒤에 눈에 잘 보이지 않는 벌레인 응애가 생기기 쉬우므로 저녁때 물을 충분히 주는 것이 좋다. 응애는 잎 뒤에 붙어서 엽록소를 파괴하므로 피해가 심하면 잎에 흰 점이 무수히 생겨 상품 가치를 없앤다.

⑤ 이용

자라면서 곁가지가 많이 나와서 포기가 무성해지면 그대로 두어도 되지만, 아래에 있는 가지를 따버리면 바람이 잘 통하고 잎도 커진다. 잎은 자라는 대로 수시로 따서 먹으면 된다. 잎만 수확하기 위해 15×12㎝ 정도로 심었을 때는 끝 잎 5~6장 정도만 남기고 아래 잎은 계속 따내도 되고, 비료는 보통재배보다 더 주어야 한다.

1곳에 1포기만 키울 때 곁가지가 잘 나오므로 원 줄기 아랫쪽 30cm쯤까지는 잘라 이용하고 포기가 잘 자라도록 한다.

[그림 28] 들깨 곁가지 따주기

4) 거두기

열매는 익으면 저절로 떨어지므로 줄기 아래 잎과 꼬투리가 누렇게 되면 베서 말렸다가 거꾸로 들고 털어 열매를 받는다. 2~3일 간격으로 2~3회 하면 된다. 깻잎은 양념간장에 재우거나 된장에 넣어 반찬으로 쓰며, 날것은 상추와 함께 쌈을 싸서 먹는다. 늦여름이 되면 꽃이 피는데 꽃이삭째 따서 쌀가루 옷을 입혀 기름에 튀겨 먹으면 별미이다.

[그림 29] 꽃송이 이용할 때 따는 요령

거세미(야도충)

거세미는 도둑벌레의 애벌레로 그 이름 그대로 낮에는 포기 밑이나 땅속에 숨어 있다가 밤에 기어 나와 양배추나 배추 등을 갉아 먹는다. 봄과 가을에 산란하는데 가을에는 알 뭉치가 커서 그만큼 알을 많이 낳는다. 알에서 막 깨어난 실과 같이 가는 담녹색 애벌레는 처음에는 무리를 지어 자라면서 잎 뒷면을 얇게 갉아 먹는다. 잎사귀가 부드러운 레이스처럼 변해 있으면 바로 잡아 죽여야 한다. 애벌레가 크게 자라면 담갈색이나 회흑색으로 변하고, 낮에는 포기 밑이나 땅속으로 파고들어갔다가 밤이 되면 나와 줄기나 잎을 갉아 먹는다.

이른 아침에 어린 식물의 윗부분 줄기가 꺾어져 있거나 쓰러져 있고, 벌레가 보이지 않는데도 잎에 구멍이 뚫려 있으면 밤에 전등을 들고 나가 잡아야 한다. 또 거세미 애벌레는 밤에 어린 식물의 줄기를 갉아 먹고는 다시 그 부근 흙 1~2㎝ 깊이에 숨어 있으므로 이른 아침에 쓰러진 포기 주변을 파헤쳐 보면 몸을 둥글게 웅크리고 있는 애벌레를 볼 수 있다. 거세미도 그림과 같이 여러 천적이 있으나 역병균(疫病菌)이나 바이러스가 가장 큰 적이다. 역병균이 곤충 몸에 침투하면 포자(胞子)가 생기고, 그것이 튀어나와 전염된다. 이 병에 걸린 거세미는 잎끝까지 기어가서 굳어지거나 녹아서 죽는다.

CHAPTER

05

통이 차는 잎채소와 꽃채소류

잎·꽃채소류

01

배추

배춧과 / Napa Cabbage

시기 봄뿌림은 4월~5월 / 가을뿌림은 8월 중·하순에 파종, 11~12월까지 수확 **재배난이도** 보통 **이어짓기** 2~3년

1) 씨앗의 구입

품종은 채소 중에서 가장 많이 개발되어 있는데, 종묘상에서 맛 좋고 병해에도 강한 중생종 중에서 하나를 준비한다. 요즈음은 소비자 기호가 속잎이 샛노란 것으로 바뀌고 있는데, 종묘상에 여러 종류가 있으니 선택하면 된다. 1작 씨앗은 3,000알 정도인데 가을배추를 밭에 바로 뿌릴 경우(직파) 점뿌림을 하면 50평 정도, 줄뿌림은 20평 정도, 포트는 100평 정도까지다.

2) 밭 준비

병충해를 막기 위해 연작은 피한다. 한곳에서 2~3년 정도 심으면 다른 밭으로 옮기는 게 안전하다. 가을 재배는 모든 작물에 충해가 많으므로 될 수 있는 대로 다른 채소와 섞어 심어(混植) 벌레 피해를 막는다.
앞에 심은 작물을 거둔 후 퇴비를 충분히 뿌리고(3㎝ 두께), 30평에 석회는 10~15㎏ 정도, 붕사는 100g 정도 골고루 뿌리고 잘 갈아엎는다. 흙이 비옥하지 않으면 결구, 즉 알들이가 어려울 경우도 있으므로 그럴 때는 퇴비를 더 많이 주거나 웃거름을 준다.

3) 씨뿌리기

그림과 같이 점뿌림할 때는 한곳에 4~5알 정도 뿌리지만, 자라는 도중 소나기나 벌레 피해를 보기 쉬우므로 주의해야 한다. 요즘은 종이컵이나 72공 플러그 모판에 씨앗을 뿌려 20~25일쯤 지난 후 밭에 심는 것이 훨씬 간편하여 많이 선택한다. 컵이나 포트 등에는 한곳에 3~4알 정도 뿌린다.
8월 중에 파종할 때는 즉시 모기장으로 터널을 씌워 예방하지 않으면 어린 모종은 벌레 피해를 많이 입는다. 보통 농가에서는 어릴 때 농약을 1~2번 정도 뿌려 벌레 피해를 막지만, 텃밭에서는 농약을 뿌리지 않는 게 좋으니 모기장을 씌워 보호하면 된다. 가을 김장용 배추는 제때보다 7~10일 정도 늦게 씨앗을 뿌리면 벌레 피해는 좀 줄지만, 기온이 갈수록 낮아져 파종이 하루만 늦어도 수확 시기는 며칠이나 늦어진다. 통이 차기도 전에 한파가 찾아오면 제대도 자라지 못한다. 그래서 늦어도 남부지방은 9월 5일까지, 중부지방은 8월 25일까지 파종을 끝낸다. 또 배추는 옮겨심기할 수 있으므로 컵이나 플러그 모판에 씨뿌리기를 하면 망사 모기장을 넓게 씌울 필요도 없어 그만큼 품을 던다. 아무튼, 어린 모종이 무사히 성장하기만 하면 70%는 성공인 셈이다.

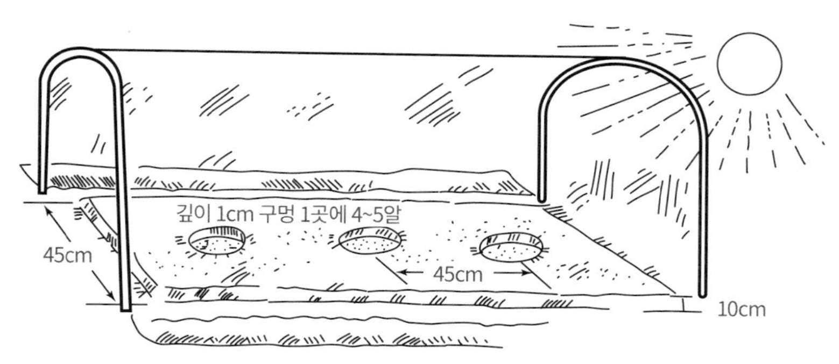

제때 씨앗을 뿌릴 때는 모기장을 씌우면 진딧물, 벼룩벌레,
배추흰나비 애벌레(청벌레) 등 피해를 막아준다.
이 그림은 밭에 바로 뿌리는 것이지만 묘판(플러그상자나 음료수컵)을
만들 때도 그렇게 하면 아주 효과적이다.

[그림 30] 배추 씨앗 뿌릴 때의 모기장 터널 씌우기

4) 솎아주기

솎아주는 요령은 [그림 31]를 참고하는데, 떡잎이 나면 약한 것을 솎아 2~3포기 남겼다가 본잎이 5~6장쯤 나오면 한 포기만 남긴다.

5) 심기

모종을 길러 20~25일쯤 지나고 본잎이 5~6장 되었을 때 옮겨심기가 좋은데, 중부지방은 대략 9월 10일 전후가 좋다. 심기 5시간 전에 컵에 물을 충분히 주면 심을 때 컵을 뒤집어 바닥을 누르면 잘 나오므로 그대로 심는다. 100㎝ 폭 이랑에 간격은 60㎝로 2줄 심는데, 포기는 40~45㎝ 간격으로 한다. 이렇게 심으면 1평에 12~13포기 정도 된다.

6) 병과 벌레 막기

가을배추는 모종 때부터 해충이 계속 생긴다. 어릴 때는 벼룩벌레, 무잎벌레, 배추순나방과 진딧물을 비롯하여 각종 애벌레(배추흰나비 애벌레, 파밤나방, 배추좀나방)가 생기니 텃밭에서는 농약을 치기보다 땅을 잘 가꾸어 튼튼하게 하는 방법이 병이나 해충을 예방하는 지름길이다.

문제가 많이 되는 시기는 어릴 때이므로 밭에 바로 뿌리는 것보다 모종을 길러 옮겨심기하되, 반드시 모기장으로 터널을 씌우는 방법이 가장 안전하다는 점은 앞에서 여러 번 강조했다. 자주 둘러보며 애벌레는 손으로 잡고, 병든 잎은 따고, 병충해가 아주 심한 포기는 뽑아 땅속에 묻어 버리는 게 가장 좋으니 그때 상황에 따라 판단하면 된다.

7) 망사 모기장 씌워 가꾸기

① 무나 배추가 어릴 때는 여러 벌레가 생긴다. 어릴 때는 무잎벌레, 벼룩잎벌레, 배추순나방, 파밤나방, 배추흰나비 애벌레 등이 많이 들끓고, 통이 찰 때부터 배추좀나방이 극성을 부린다.

② 벌레를 확실히 막는 방법은 농약을 뿌리거나 손으로 잡는 방법이 있기는 하나, 그보다도 모기장을 씌우는 방법이 가장 좋다. 솎아주기는 한쪽을 열고 하면 된다.

③ 솎아주기 작업을 한 후에는 바로 덮어야 한다. 완전히 벗기는 시기는 배추통이 어느 정도 들어찼을 때로 10월 중순쯤까지 그대로 두는 게 좋다.

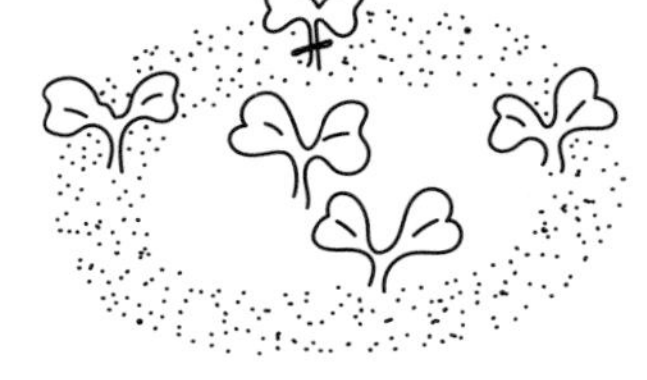

[그림 31] 싹튼 후부터 솎는 요령

8) 웃거름 주기

우리나라 기후는 배추 씨앗을 뿌릴 때부터 가뭄이 드는 경우가 많으므로 물을 줘야 한다. 자라는 상태를 보아 쌀겨, 깻묵, 계분 등으로 발효시킨 웃거름을 주고, 화학비료를 쓸 때 또한 자라는 상태를 보아 질소와 가리가 18-0-18 비율인 복합비료를 2~3주마다 한 포기에 큰 숟가락으로 하나 정도 준다. 그러나 화학비료는 어디까지나 밑거름으로 퇴비를 듬뿍 넣고, 유기질비료인 웃거름도 준 다음 일이다. 흙이 비옥하면 화학비료는 불필요하다. 배추는 수분이 95% 정도인데, 이 말은 그만큼 물을 많이 주어야 한다는 뜻이다. 틈이 나는 대로 물을 자주, 그리고 충분히 주는 게 가장 좋다.

9) 거두기와 저장

통이 꽉 차 위쪽을 눌러 단단해지면 수확 적기라고 하지만, 김장용 배추가 가장 맛있을 때는 포기 단단하기가 80% 정도일 때다. 즉, 포기를 눌러 보면 약간 엉성한 감이 들 때이니 가정용 텃밭에서는 맛있는 김장을 담그기 위해 염두에 둘 일이다. 서리는 10월 중순경에 내리기 시작하는데, 통이 반쯤 차면 겉잎을 모아 볏짚 같은 것으로 포기 높이 2/3 지점에 가볍게 묶어주면 좋다. 한꺼번에 모두 수확하면 얼지 않는 곳에 모아 놓고 거적으로 덮거나 포기마다 신문지를 2~3겹 싸서 상자에 보관한다. 가장 좋은 저장법은 밭에서 물이 잘 빠지는 곳을 골라 깊이와 넓이를 60㎝ 정도로 구덩이를 파고, 그 속에 겉잎과 뿌리가 그대로 있는 배추를 거꾸로 세우고 흙을 30㎝ 덮는다. 겨울철 기온이 더 떨어져 땅이 얼면 흙을 더 덮어야 얼지 않는다. 이때 구덩이 아랫부분에 볏짚은 5㎝ 정도, 쌀 포대나 신문지는 3~4겹을 깔아주면 좋다.

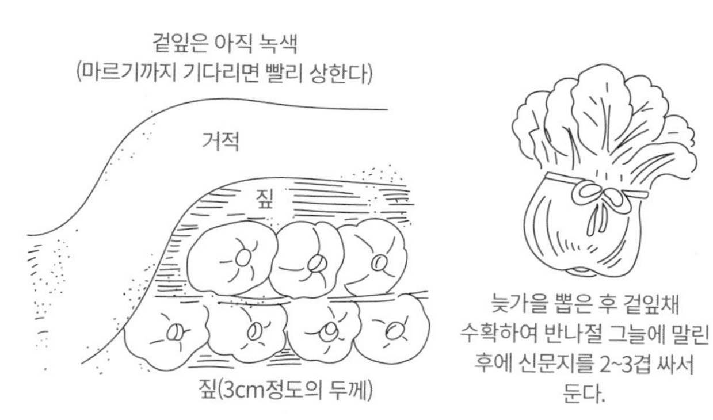

[그림32] 집에서 간단히 할 수 있는 단기 저장법

잎·꽃채소류

02

양배추

배춧과 / Cabbage

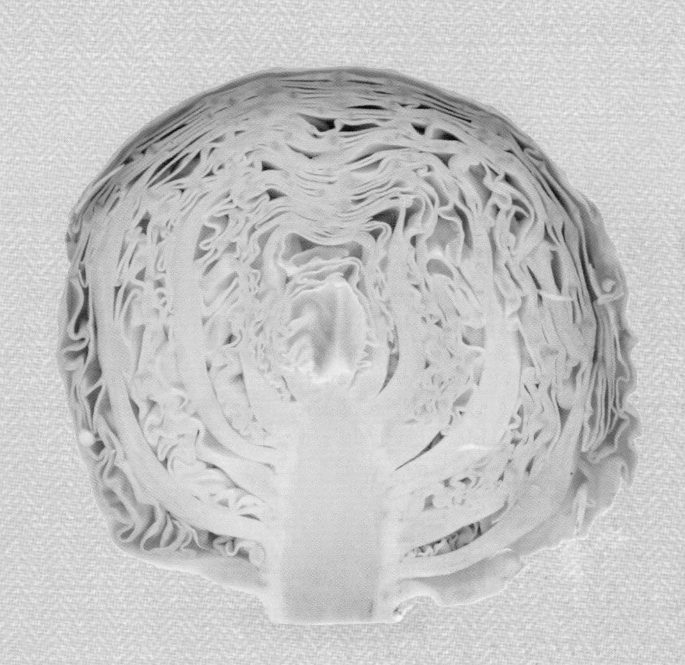

시기 봄은 4월~7월, 가을은 8월 하순~12월,
남부지방 월동은 8월 하순~4월
재배난이도 보통 **이어짓기** 보통 2~3년

1) 종류

양배추는 여러 종류가 있는데, 일반 배추처럼 통이 차는 것을 보통 양배추라고 한다. 줄기의 잎겨드랑이마다 탁구공만 한 알맹이가 달리는 방울다다기 양배추, 브로콜리(broccoli)라고 부르는 푸른색 꽃양배추, 흰색 꽃양배추인 콜리플라워(Cauliflower), 그리고 보통 양배추와 비슷하지만 색깔이 붉고 크기도 좀 작은 붉은 양배추(적채, 赤菜)가 있다. 양배추는 보통 8월에 씨앗을 뿌려 가을에 가꾸는 게 가장 일반적이고 가꾸기도 쉽다. 하지만 제주도나 남해안에서는 무농약으로 재배하는데, 9월에 씨를 뿌려 봄에 수확하면 벌레가 덜 붙고 가꾸기 더 쉽다. 봄에 재배하면 자라면서 날씨가 따뜻해지므로 벌레가 잘 생긴다. 앞에서 설명한 배추 가꾸기처럼 모기장을 씌우는 것도 좋은 방법이다. 여기서는 가을 재배를 중심으로 설명한다.

2) 씨앗 구하기

여러 종류가 시판되고 있으나 가꾸는 시기와 지방에 맞는 품종을 택해야 한다.

3) 씨뿌리기

8월 중순이 알맞은데 연작(連作)을 피하고 가능하면 배추, 브로콜리, 꽃양배추, 방울다다기 양배추 등은 뒷그루를 피한다. 모종을 키워 정식하기까지는 40일 정도 걸린다. 양배추는 모판에 종자를 뿌리고 한 번 옮겨심기(가식, 假植)하여 튼튼한 모를 만든 다음에 정식하는 것이 좋다.

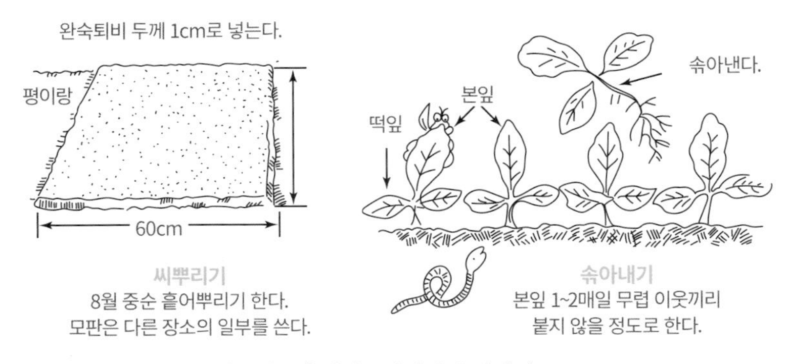

[그림 33] 씨앗뿌리기와 솎아내기

씨뿌리기 2주일 전에 석회와 완숙퇴비(미숙퇴비를 쓰면 싹이 잘 트지 않는다)를 1㎝ 두께로 뿌리고 10㎝ 정도 깊이로 갈아엎는다.

8월 중순에 너무 촘촘하지 않도록 흩어뿌리기를 하여 0.5㎝ 정도 흙을 덮고 삽으로 눌러 놓는다. 퇴비가 많은 땅이 보수력(保水力)이 있으므로 파종 전후에 물 주기를 꼭 할 필요는 없으나 잘 마르는 밭에는 씨뿌리기 전에 물을 뿌리고, 그 후에도 땅이 마르면 물을 주도록 한다. 땅에 습기가 알맞으면 4~5일이면 싹이 나온다. 요즘은 노동력이 부족해 옮겨심기하지 않고 바로 심을 수 있는 자재가 있는데, 플러그 모판을 이용하면 편리하다. 크기가 30×60㎝인 상자로 50구짜리가 알맞으니 사서 쓰면 편리하다. 또 모종을 안전하게 기르기 위해 배추처럼 모기장으로 터널을 씌워 진딧물, 각종 나방의 애벌레, 소나기 피해 등을 막는다.

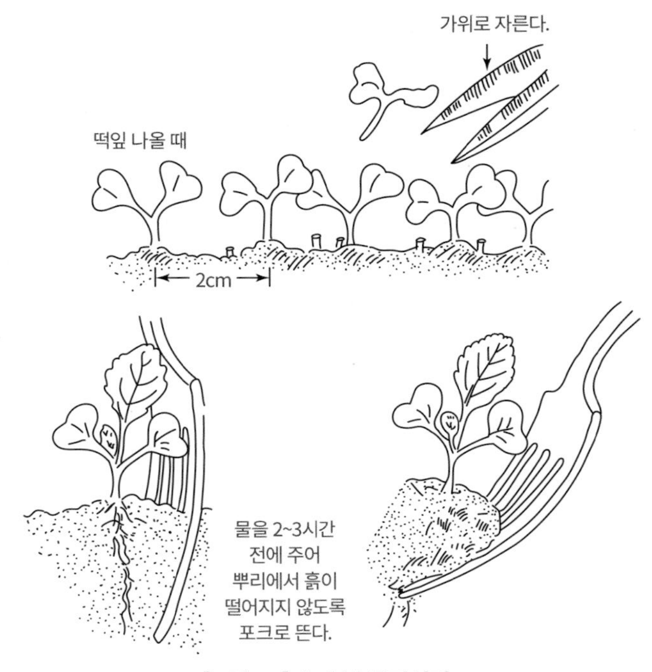

[그림 34] 솎기 및 옮겨심기

4) 솎아주기

싹이 터서 떡잎이 벌어질 때 그림처럼 처음 솎아주기를 하고, 본잎이 1~2매 나오면 불량 모종이나 빽빽한 곳을 솎아 잎이 서로 붙지 않도록 한다.

5) 임시 옮겨심기(가식, 假植)

첫째 솎아주기를 하고 옮겨 심을 모판을 만든다. 이랑 높이는 5㎝로 하고, 가식은 15㎝ 간격으로 하므로 포기 수만큼 면적이 필요하다. 사방 15㎝로 심으면 1평에 144포기 심고, 폭이 1.2m인 이랑은 2.7m가 1평이다. 본잎이 2~3매 나오면 가식을 한다. 가식하기 3~5시간쯤 전에 모판에 물을 뿌려 놓으면, 뿌리에서 흙이 떨어지지 않게 옮겨심기할 수 있다. 모판에는 흙을 10㎝ 정도 얇게 깔고 15㎝ 간격으로 정성껏 심어 물이 뿌리 속까지 스며들도록 2번 나누어서 준다. 마지막으로는 퇴비를 얇게 포기 주위에 깔고 겉흙과 가볍게 섞는다. 이때 흙과 퇴비는 반반으로 한다. 물 주기를 충분히 한다면 가식은 일회용 종이컵이나(종이컵 아래 지름 1㎝ 정도 구멍을 뚫어야 한다) 비닐 포트나 앞에 설명한 플러그 모판에 해도 정식할 때 뿌리가 상하지 않아 그 후 자람도 좋다.

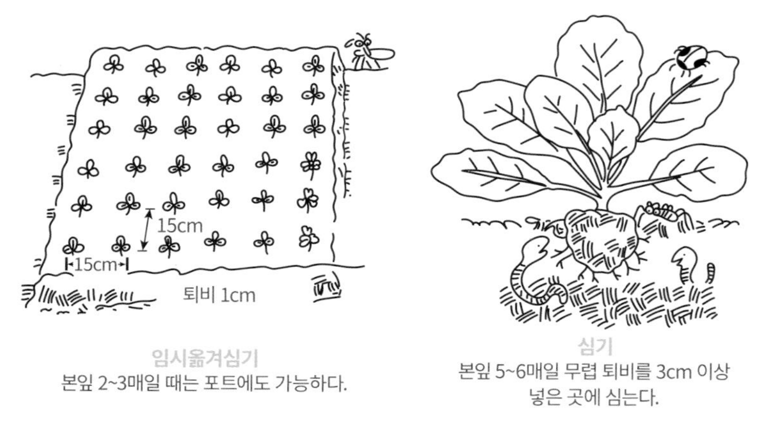

[그림 35] 임시 옮겨심기와 밭에 본 심기

6) 심기

가식한 후 심을 밭을 준비한다. 이랑은 동서(東西)로 내고 높이는 5㎝로 한다. 넓이 100㎝ 이랑에 60㎝ 간격으로 2줄로 심는데, 포기 사이는 최저 50㎝는 되어야 하므로 포기 수에 따라서 면적을 정한다(1평당 12포기). 밭에 석회비료를 뿌려서 섞고, 1주일 후에는 완숙퇴비를 뿌리고 갈아엎는다. 양배추는 비료를 많이 요구하는 작물이므로 퇴비는 두께 3㎝ 이상을 준다. 본잎이 5~6매 나오면 정식하고, 포기 간격만 다를 뿐 재배법은 가식과 같다. 모종은 일부러 크기가 고르지 않은 순서로 골라 심는다. 이렇게 하면 수확기가 조금씩 어긋나기 때문에 텃밭이나 소규모 재배에는 면적을 활용할 수 있다. 남은 모종은 심기용(보식용, 補植用)으로 밭 구석에 모아 사방 20㎝ 넓이로 가식해 두었다가 벌레 피해 등으로 죽는 포기를 뽑고 심는다.

7) 웃거름

웃거름은 다음 그림처럼 준다. 무농약재배는 완숙퇴비를 충분히 써서 땅을 튼튼하게 가꾸는 것이 제일인데, 퇴비량이 부족하거나 땅이 메말랐을 때는 그대로 두기보다는 질소, 인산, 가리가 든 복합비료를 웃거름으로 약간 보충하면 좋다. 땅이 비옥해짐에 따라 복합비료는 불필요하다.

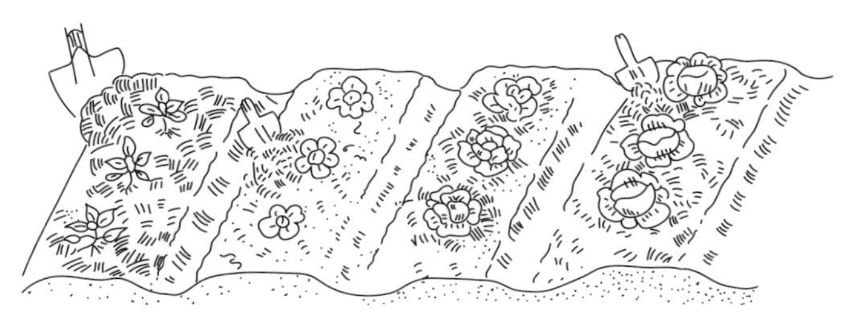

웃거름 주기

1회 심은 후 20일쯤 퇴비를 포기 주위에 뿌리고 김매기와 겸하여 흙을 긁어 준다.

2회 통이 주먹만할 때 다시 퇴비나 비료를 주고 흙을 덮어준다.

[그림 36] 웃거름 주기

8) 거두기

알통을 눌러 단단하면 수확 시기이다. 봄 재배는 수확기가 짧아 밭에 통이 다 찼는데도 그대로 두면 열구(裂球), 즉 알이 터지면서 종이 나와 꽃이 핀다. 유기질비료만으로 튼튼하게 자란 것은 잎살이 두꺼워 손으로 꺾어보고 싶은 충동이 일어나기도 한다. 또한, 더운물에 데치면 몹시 연해지는 것도 유기재배의 특징이다.

9) 병과 벌레 막기

옮겨심기하고 나면 양배추 줄기 아래쪽을 갉아 먹어 쓰러지게 하는 거세미 애벌레 피해가 발생할 수 있다. 모종 뿌리목이 잘렸으면 이른 아침 모종 주위 흙을 뒤져 거세미 애벌레를 찾아내 죽여야 한다. 또 벌레를 찾지 못했거나 잎을 갉아 먹은 흔적이 있으면 밤에 전등을 들고 나가 잡아야 한다. 청벌레도 발견 즉시 잡아야 한다. 너무 많이 발생하면 모종이 잘 자라지 못하므로 가식하면서 벌레가 못 들어가게 모기장 터널을 덮어주면 좋다. 손으로 잡는다는 것이 무리이기는 하나 농약을 치는 것보다는 낫다.

잎·꽃채소류

03

양상추 · 결구상추

국화과 / Head Lettuce

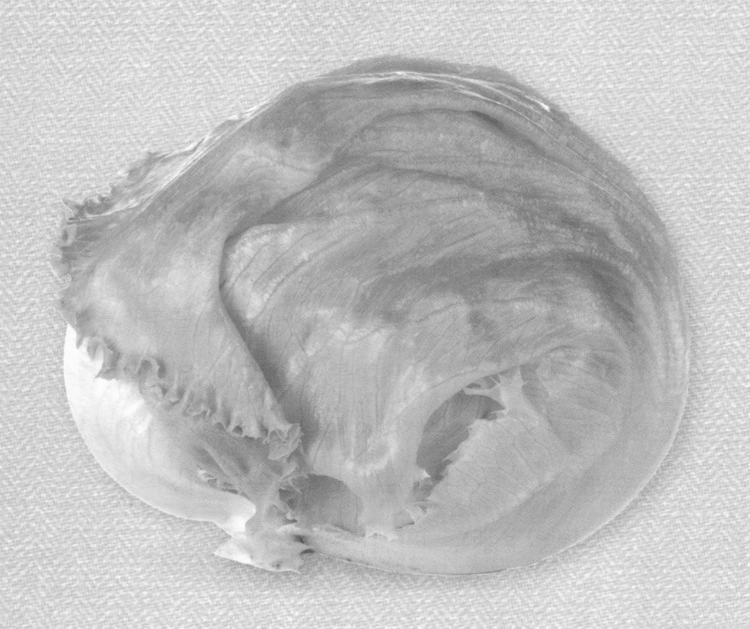

시기 봄은 3월 중순에서 6월, 가을은 8월 말이나 9월 초에서 11월까지 **재배난이도** 보통 **이어짓기** 보통 2~3년

“ 양배추처럼 통이 찬 것과 잎끝이 서로 겹치지 않으면서 통이 차는 반결구종이 있다. 상추에 비해 자라는 기간도 길고 저온에 견디는 힘도 약한 편이므로 기르기는 상추보다 약간 까다로우나 그리 어렵진 않다. 봄과 가을에 별 어려움 없이 텃밭에 심어 가꾸는 재미를 즐길 수 있다. 칼로 자른 곳에서 우윳빛 액이 떨어지는 채소를 식탁에 올리기는 텃밭이 없으면 불가능하다. ”

1) 씨뿌리기

진딧물, 달팽이 등 벌레 피해 없이 재배하려면 온상육묘는 2월 중·하순에 뿌리고, 노지 냉상은 3월 중순에 파종한다. 흙에는 석회비료를 약간 섞은 완숙퇴비(흙에 가까운 것) 30%를 넣는다. 준비한 플러그 육묘상자를(앞에서 설명한 것처럼 크기는 30×60㎝, 한 상자에 구멍이 72개 뚫린 것이 가장 무난하다) 실내 양지바른 곳에 놓고 한 구멍에 씨앗을 4~5알 뿌린다. 파종상자에 뿌릴 경우는 모판흙을 5㎝ 정도 깊이로 담고 흩어뿌리기가 좋다. 좋은 종자라면 발아율은 70~80%이므로 너무 촘촘하게 뿌리지 않도록 한다. 씨앗 뿌리는 요령은 상추 가꾸기를 참고하면 된다. 씨를 뿌리고 흙을 많이 덮으면 싹이 나지 않을 수도 있으니 되도록 얇게 뿌리고 충분히 물 주기를 한다. 흙 표면이 마르지 않도록 매일 물 주기를 하고 잎이 닿을 정도로 자라면 솎아주기를 한다. 플러그 육묘상자는 솎아주기를 하다가 본잎이 3~4장 나오면 한 구멍에 한 포기만 남기고 그대로 기른다.

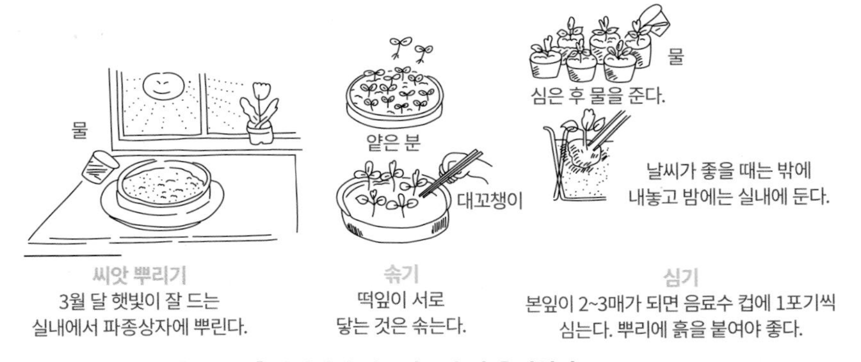

[그림 37] 실내에서 씨뿌리고 솎아 옮겨심기

2) 옮겨심기

파종상자에 뿌린 모종에서 본잎이 2~3장 나오면 하나씩 포트에 심는다. 포트는 일회용 컵이 알맞다. 흙은 파종 시와 마찬가지로 만들고 뿌리가 상하지 않도록 대꼬챙이로 살짝 구멍을 내 옮겨심기한다. 웃자라면 물 주기를 삼가고, 잘 자라지 못해 잎 수가 늘어나지 않을 때는 쌀겨와 깻묵 발효시킨 물비료를 물 주기할 때 조금씩 준다.

3) 밭 준비

가식한 후 심을 밭을 손질한다. 석회비료를 뿌리고 1주일 후에 다시 퇴비를 1㎝ 두께로 깔고 갈아엎는다. 수확기가 장마철과 겹칠 우려가 있으니 10㎝ 정도로 높은 이랑을 만든다.

4) 심기

4월 중·하순경에 심는다. 그러나 잎이 제대로 자란 것은 옮겨심기 후 발육도 순조롭다. 웃자라서 키와 잎이 길쭉한 것은 모종이 충분하면 심지 않는 것이 좋다. 양상추는 옮겨심기에 강하고 적응력도 뛰어나므로 그리 춥지 않으면 별로 걱정할 것이 없다.

상추는 추위에 어느 정도 강하지만 늦서리는 주의해야 한다. 심는 시기는 남부지방은 4월 중순경, 중부지방은 4월 하순경으로 잡으면 된다. 만약 비닐 터널 재배를 할 경우는 이보다 10일 정도 앞당겨도 무방하다. 모종을 심을 때는 120㎝ 이랑에 사방 30㎝ 정도로 4줄 심기를 하거나 65㎝ 이랑에 2줄로 심는다. 심기 3시간쯤 전에 모종에 충분히 물을 주고, 그림처럼 2줄로 심는 것이 병해충이나 다른 관리에도 편리하다. 심은 후 완숙퇴비를 이랑 사이에 깔고 모종삽으로 가볍게 겉흙과 섞는다.

[그림 38] 심은 후 관리와 거두기

5) 김매기와 웃거름 주기

5월 중순으로 접어들면 잎이 벌어져 통풍이 좋지 않다. 게다가 주위 풀마저 무성해지면 달팽이 같은 벌레가 들끓으니 김매기를 해야 한다. 웃거름은 심은 후 20일경에 1번 주고, 부족한 것 같으면 겉잎이 크게 벌어지고 포기 가운데 통이 차기 시작해 둥글둥글해질 때 한 번 더 준다. 거름은 깻묵, 닭똥, 쌀겨 등을 발효시킨 것을 뿌리고 모종삽으로 가볍게 흙과 섞는다. 웃거름을 준 다음 신문지로 포기 아래 이랑을 덮어주면 좋다. 2~3겹이면 충분한데 빗물에 흙이 튀는 것도 막고, 흙 속 수분도 유지하고, 잡풀이 나는 것도 막아 여러 이점이 있다. 요즘은 일손이 부족해 심기 전에 밑거름을 충분히 주고 파란색 비닐로 이랑을 덮은 후 심는 농가도 많다.

6) 거두기

포기 위쪽을 눌러 약간 단단한 느낌이 들면 큰 것부터 딴다. 시판되는 것과 같을 정도로 커지기를 바라다가는 포기 한가운데가 터지면서 종이 나와 꽃이 필 수도 있고, 날씨가 더워지면 통이 상할 수도 있으니 약간 작더라도 필요할 때마다 수확하는 게 좋다. 겉잎째로 모두 수확해 속이 연한 것은 생식하고 겉잎을 데치거나 볶거나 국거리 등으로 쓴다.

7) 병과 벌레 막기

봄에 따는 양상추는 걱정이 없으나 장마철에 수확할 경우에는 달팽이가 잎을 갉아 먹기도 한다. 그저 아침저녁으로 잎 뒤쪽을 들춰보며 붙어 있는 달팽이를 잡는 것이 가장 손쉬운 방법이다. 또 생육에 영향을 줄 정도는 아니지만 진딧물도 달라붙는다. 그리 심하지 않으면 요구르트를 분무기에 넣어 뿌리고, 진딧물이 약간 붙은 것은 잎을 하나하나 벗겨 미지근한 물에 잘 씻어 조리하면 문제없다.

8) 다른 계절에 재배

늦가을에 거둘 양상추는 8월 하순~9월 상순경 서늘한 장소에서 분에 파종해 모종을 키운 다음 정식한다. 양상추도 시금치와 마찬가지로 여름철에 온도가 너무 높으면 싹이 잘 나지 않으므로 시금치 씨뿌리기 요령을 참고하기 바란다.

잎 · 꽃채소류

04

브로콜리

푸른색 꽃양배추 / Broccoli

시기 봄뿌림은 4월 초순에 파종해 7월에 수확,
가을뿌림은 8월 상순에 파종해 11월~3월에 수확.
재배난이도 보통 **이어짓기** 피한다.

“ 잎이 모여 통이 차는 채소가 아니라 줄기 끝에 꽃 덩어리가 달리는 꽃양배추이다. 꽃 색깔이 푸른 것은 브로콜리라 하고, 흰 것은 콜리플라워라고 하는데, 요즘은 육종기술이 발달해 노란색, 붉은색 꽃양배추도 개발되어 있으나 성질이나 가꾸는 방법은 비슷하다. 줄기 꼭대기에 있는 꽃 덩어리를 따고 그대로 두면 곁순에서도 작지만 예쁜 꽃 덩어리가 열리는 재미있는 채소인데, 파종기만 주의하면 비교적 가꾸기 쉽다. 겨울을 넘기는 재배는 남부해안지방에서만 가능하고, 중부지방은 봄에 뿌려서 가꾸는 것이 안전하다. ”

1) 씨앗 준비

전국 어디서나 봄 재배는 4월부터 씨앗을 뿌려 가꿀 수 있으나 벌레 피해에 주의해야 한다. 8월 상·중순에 씨앗을 뿌려 가을부터 이듬해 봄까지 거두는 재배법이 쉬우나 남부해안지방에서만 가능하다. 씨앗 1작이 약 3,000알 정도이므로 텃밭에서는 모종만 잘 키우면 1,000포기는 충분히 가꿀 수 있다.

2) 모종 기르기

8월 상순에 씨앗을 뿌려 양배추와 마찬가지로 모종을 키워 8월 하순에 본잎이 6~7장 나오면 정식한다. 더운 시기이므로 강한 햇살과 벌레 피해를 막기 위해 흰색 모기장을 터널로 만들어 씌운다. 또 튼튼한 모종으로 가꾸기 위해서는 물을 최대한 적게 준다.
가냘프게 웃자란 도장묘(徒長苗)는 촘촘하게 심었거나 물을 너무 많이 주었거나 햇빛이 부족해서 그렇다.

3) 심기

양배추와 같은 요령으로 심는다. 늦더위가 심할 무렵이므로 비가 멎은 저녁때 심으면 식상(植傷)을 덜 받아 바로 뿌리를 내린다. 가뭄이 조금 심해도 퇴비가 충분히 들어간 흙은 습기가 있어 마를 염려는 없다. 정식 후에는 물을 듬뿍 주고, 양배추와 마찬가지로 퇴비를 포기 사이에 깐다.

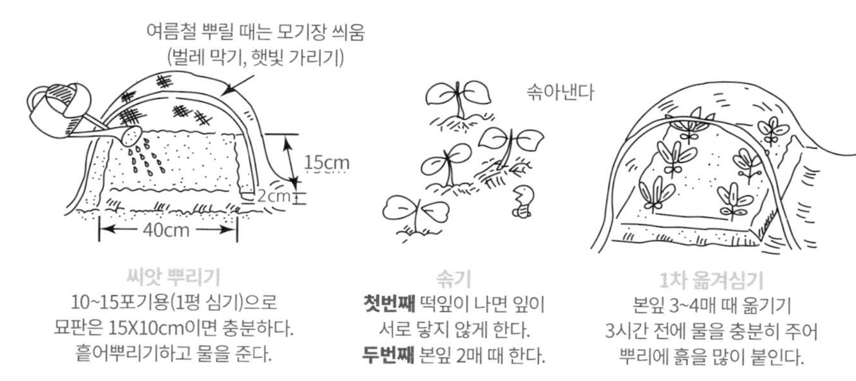

[그림 39] 씨앗 뿌린 후 옮겨심을 때까지 관리요령

4) 웃거름, 북주기

[그림 40]처럼 웃거름을 2~3번 주고, 가볍게 흙과 섞으면 잘 자란다.

5) 거두기

가을철이 되면 꽃봉오리가 하나둘씩 부풀어 오르는데, 꽃이 피면 상품성이 떨어지니 꽃이 피기 전에 수확한다. 꽃양배추는 줄기 꼭대기 꽃이 보통 어른 주먹만 한데, 이것을 따내면 그 아래 잎겨드랑이에서 차례로 또 곁눈이 나와서 봉오리를 만드는데, 봉오리는 작아도 충분히 이용할 수 있다.

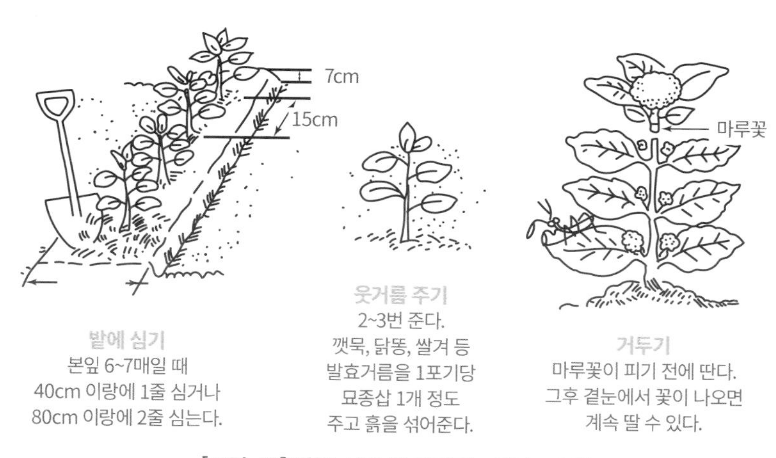

[그림 40] 밭에 심은 후 관리와 거두는 요령

6) 병과 벌레 막기

양배추와 같이 벌레 피해가 있으나 질소질 비료를 많이 주지 않는 한 양배추만큼은 생기지 않는다. 또 양배추와 마찬가지로 영양부족일 경우 벌레가 들끓을 수 있으니 거름을 고루 주는 것이 좋다.

벌레 피해가 작은 11월경부터 수확하기 위해 8월 상순에 파종하는 것이 유리하나, 이 방법은 우리나라 제주도나 남해안지방에서나 가능한 무농약재배 방법이다. 그 외 지방은 4~5월에 씨앗을 뿌려 한여름이 되기 전에 수확하는 방법이 좋다. 그러나 늦봄부터 진딧물, 청벌레, 배추좀나방, 달팽이 등이 들끓어 짜증이 날 때도 있으므로 텃밭에서는 미리미리 손으로 잡아줘야 한다.

텃밭채소를 유기농업으로 가꾸려면 많은 노력이 따라야!

유기물 환원으로 토양을 개량해 지력을 증강시킨다는 것은 자연의 조화에 알맞은 멋진 농법이다. 반건조기후인 검은 흙 지역은 강우량이 적어 토양 성분이 빗물로 인해 유실되지 않으므로 기름진 토양을 유지하지만, 강우량이 계절적으로 많은 우리나라에서는 빗물에 의한 흙과 비료의 유실을 감안해 유기물 주는 방법을 찾아야 한다.

첫째, 무농약 유기질비료로 청정재배(무공해재배)에 성공하려면 먼저 좋은 퇴비를 많이 주어 비옥한 땅을 만들어야 한다. 그러기 위해선 부단한 노력으로 퇴비를 충분히 모으고, 거기에 깻묵, 계분, 쌀겨, 음식물 찌꺼기, 한약재나 개소주 찌꺼기 등을 넣어 좋고 완숙한 퇴비를 만들어, 이것으로 채소를 가꾸어야 한다. 둘째, 유기농법에 대한 뜨거운 연구과 꾸준한 실행이 뒷받침되어야 한다. 농업기술센터는 물론이고 농가에서도 꾸준히 배우고 견학하고 실험하여 재배 경험을 쌓아야 한다.

그리고 항상 밭을 돌보며, 채소 하나하나를 관찰해 조사하는 부단한 노력이 필요하다. 또 채소마다 최적기에 파종하고, 성장 상태에 따라 돌봐야 한다. 이런 일이 비옥한 토양환경을 조성하고, 병충해를 적게 하고, 또 무농약재배를 실현하는 최소한의 요건이다.

CHAPTER

06

파류

대파

백합과 / Green Onion

시기 3월에 파종하면 9월부터 이듬해 4월 수확,
9월 중순에 파종하면 이듬해 6월에 정식.
재배난이도 보통 **이어짓기** 보통 2~3년

> 유기질을 듬뿍 넣고 텃밭에서 가꾼 파는 특유의 향기와 단맛이 강해 시장에서 파는 것보다 월등히 좋다. 처음부터 훌륭한 수확을 바라지 않는다면 가꾸기 쉬운 작물이다. 봄과 가을뿌림 가꾸기가 있는데 중부지방에서는 겨울 추위가 심하므로 가을뿌림 종자가 겨울을 잘 넘기는 것인지 확인하고 사야 한다. 또 잎만 먹는 파는 3월부터 10월까지 수시로 뿌려 뽑아 먹는 방식도 있다.

1) 씨앗의 구입

가을 파종은 8월 하순에 구입해야 한다. 파 씨앗은 해를 묵으면 싹트는 힘이 현저히 떨어지므로 반드시 채종 날짜를 확인해 그해 것으로 장만해야 한다. 품종도 다양하므로 인근에서 재배하고 있는 사람의 경험담을 듣거나 농업기술센터에 문의해 여러 사람이 권하는 품종을 택하는 것이 안전하다.

2) 씨뿌리기

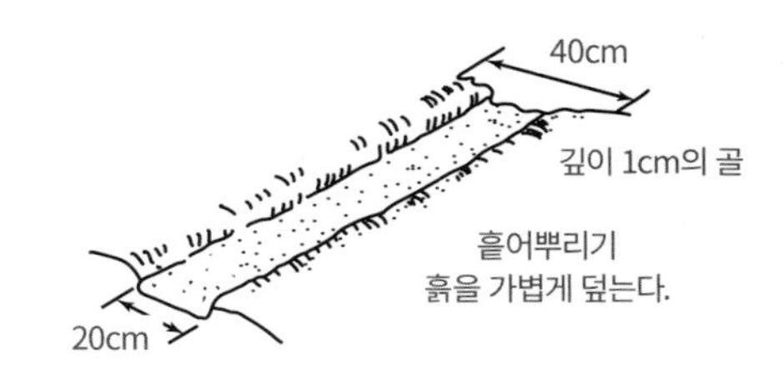

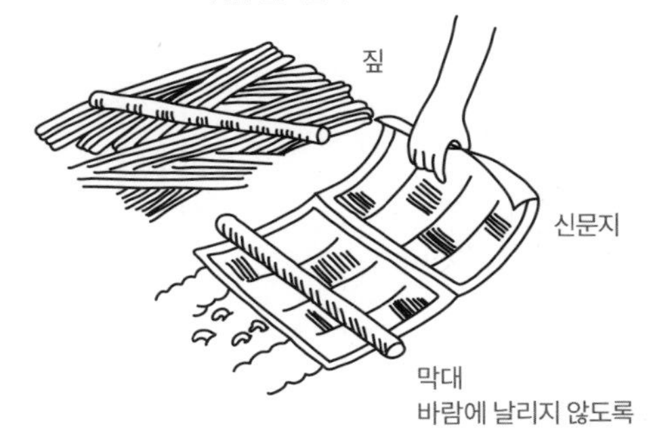

[그림 41] 씨앗 뿌리기

파는 봄 가꾸기와 가을에 뿌려 가꾸는 방식이 있다. 봄은 3월 상순~4월 중순에 씨앗을 뿌려 6월 상순에서 7월 중순에 심어 겨울철에 수확하는 방식으로 따뜻한 남부지방에서 많이 한다. 가을뿌림은 8월 하순~9월 초순에 파종해 10월 말에 심는데, 겨울철이면 잎이 말라 버리나 봄이 오면 다시 속잎이 나와 빨리 자란다. 꽃대가 나오는 5월 말에 뽑아서 먹는다. 모판은 될 수 있으면 파 뒷그루를 피해야 병해충 예방 차원에서 유리하다. 그림과 같은 이랑에 석회비료를 뿌리고, 1주일 후 완숙퇴비를 이랑가득히 1㎝ 두께로 넣고, 흙과 잘 섞어 흙덩이가 없도록 손질해 이랑을 평평하게 한다. 가을뿌림 재배는 8월 말~9월 초에 이랑 중앙에 괭이 폭만 한 깊이로 1㎝의 골을 파 흩어뿌리기로 파종한다. 흙을 5~6㎜로 얇게 덮고 완숙퇴비를 그 위에 약간 뿌린다. 이때 미숙퇴비를 사용하면 역효과가 나므로 완숙퇴비가 없다면 흙만 덮는다. 싹이 틀 때까지는 마르지 않도록 짚이나 풀을 덮고 물을 준 다음 싹이 트면 바로 벗긴다. [그림 41]는 적은 면적에 가꾸는 방법이다. 면적이 넓은 곳에 가꿀 때는 100㎝ 정도 되는 이랑에 15㎝ 간격으로 줄뿌림하여 관리하는 게 좋다.

3) 모판관리-솎아주기, 웃거름 주기, 포기 사이 흙넣기

모종이 10㎝쯤 자라 잎이 2~3장일 때 촘촘한 곳은 솎아 모종 간격을 1~2㎝로 하고, 웃거름은 사이 흙과 섞어 그림과 같이 뿌린다. 중부지방은 겨울 추위를 넘기기 어려우므로 비닐 터널을 씌우고, 한겨울에는 거적이나 부직포를 덮는 게 안전하다.

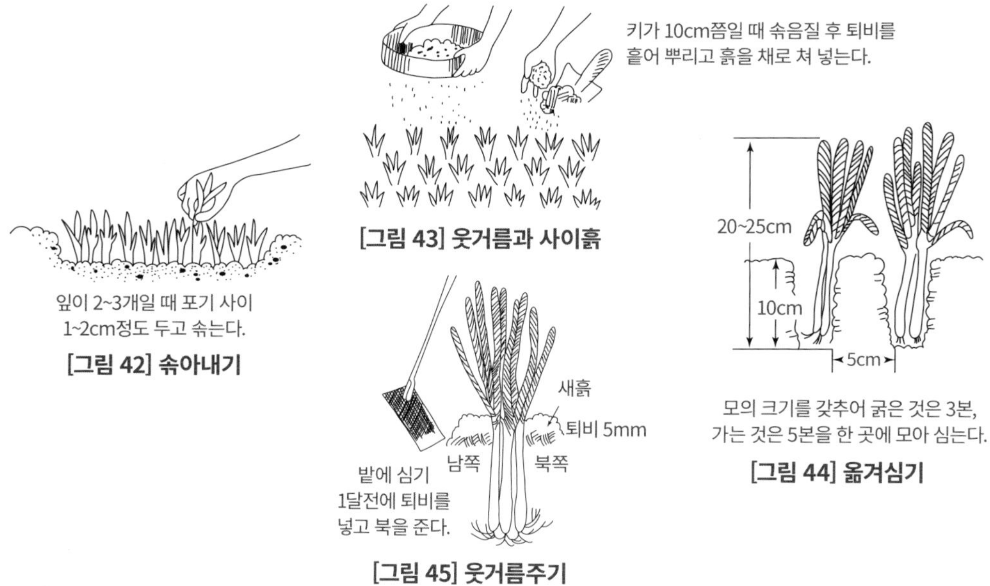

[그림 42] 솎아내기

[그림 43] 웃거름과 사이흙

[그림 44] 옮겨심기

[그림 45] 웃거름주기

4) 심기

밭은 될 수 있는 대로 이랑을 동서(東西)로 만들어 햇빛을 잘 받도록 한다. 앞 작물을 재배할 때 잘 썩은 퇴비를 충분히 준 땅에서 재배하면 더 좋다. 석회비료는 30평당 15㎏ 정도로 주고, 퇴비는 전면에 1㎝ 정도 두께로 넣고, 30㎝ 깊이로 갈아엎는다. 심을 때 골은 괭이 폭 넓이와 20㎝ 깊이로 파고, 파낸 흙은 남쪽에 쌓아 올린다. 모종은 뿌리가 상하지 않도록 빼내고, 수확할 때 차례대로 캘 수 있도록 대, 중, 소 순서로 포기 사이를 3~4㎝ 정도 띄우면서 심는다. 2줄 이상 심을 때는 북주기가 쉽도록 이랑 사이를 60~70㎝ 띄운다. 비스듬히 심은 모종이라도 1주일쯤이면 똑바로 일어선다.

5) 웃거름 주기와 북주기

웃거름은 그림처럼 퇴비만을 사용하고, 북주기를 해야 줄기가 희고 부드러워진다. 북주기할 때 잎까지 흙을 덮으면 잘 자라지 못하므로 목 약간 아래까지만 덮는다. 그 후 자라날 때마다 북주기를 하고, 쌓인 흙이 너무 높으면 목 있는 데까지 깊게 흙을 덮어 수확을 기다린다.

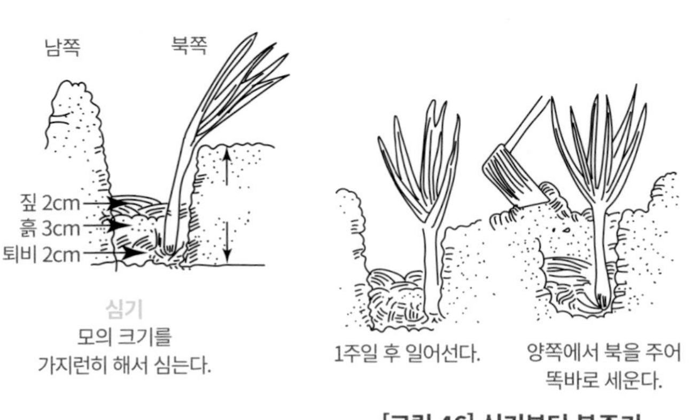

목의
흰곳을
약간 남긴다.

웃거름 주기(2회)와 북주기
1회째 심은 후 40일경
2회째 1회 후 50일경
퇴비를 넣고 흙넣기한다.
다시 20일 후 목있는 데
까지 북을 준다.

[그림 46] 심기부터 북주기

6) 잎만 사용할 파를 간편하게 가꾸는 요령

위에서 설명한 방법은 파 줄기를 길게 하는 원칙적인 재배방법이나 북주기가 여간 번거로운 게 아니다. 텃밭에 씨뿌리기한 파는 솎음질해서 사방 1~2㎝쯤에 1포기씩 남긴다. 줄기가 연필 굵기 반만 할 때 폭 1m 이랑에 15~20㎝ 사방으로 한곳에 3~5포기씩 모아 심거나 줄 간격 40㎝ 정도에 5㎝ 간격으로 1포기씩 심어 자라는 대로 잎과 줄기를 뽑아 쓰는 게 편하다. 그러나 텃밭에 조금 심기 위해 모판을 만든다는 것은 어려운 일이다. 그래서 시장이나 종묘상에서 직경 3~5㎜ 정도 되는 파 모종을 사서 위 설명처럼 심어 가꾸는 것이 훨씬 편리하다. 이에 대한 설명은 [그림 47]은 참고하면 이해가 쉬울 것이다. 잎만 사용하는 파와 대파가 엄격하게 구분되는 것은 아니나 품종에 따라 차이가 약간 있으므로 텃밭에는 가지(줄기)가 잘 벌어지는 게 좋다. 보통 가지가 잘 벌어지는 품종은 3포기를 심어 가꾸면 5~6포기 정도 거둘 수 있다.

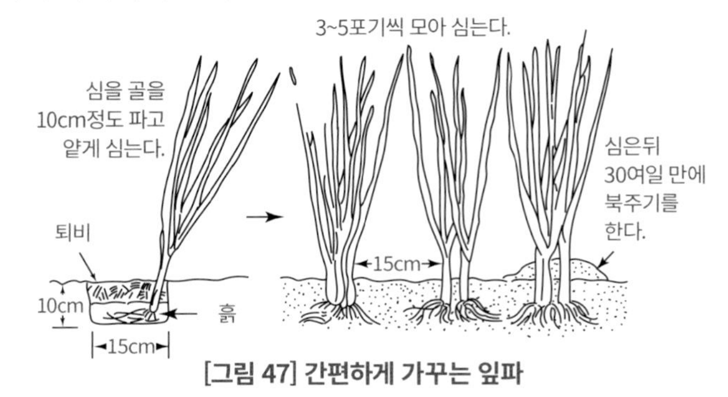

[그림 47] 간편하게 가꾸는 잎파

7) 거두기

가을 파종은 이듬해 6월부터 이용할 수가 있다. 연필 굵기 정도로 큰 파가 겨울을 넘기면 이듬해 4월경부터 종(꽃대)이 올라오기 시작한다. 둥근 꽃봉오리가 생기면 딱딱해져서 식용으로 사용할 수 없으므로 땅에서 3~5㎝쯤 남기고 잘라내 새로운 싹이 나오기를 기다린다. 이렇게 해서 수확기를 늘리면 초여름까지 이용할 수 있다.

8) 병과 벌레 막기

화학비료를 많이 쓰면 병과 벌레가 상당히 생길 수 있으니 주의해야 한다. 봄에는 붉은녹병, 파좀나방, 파밤나방, 총채벌레 등이 생기는데, 밭둑에 있는 잡초를 없애고 흙 가꾸기를 잘하여 건전하게 자라도록 한다. 여름에 생육이 나쁘고 병해가 발생했더라도 가을이 되면 어느 사이엔가 원기를 되찾는다. 늦가을에서 겨울 동안에는 작은 거미가 포기에서 포기로, 이랑에서 이랑을 연결하는 거미줄을 쳐 놓아 햇빛을 받으면 아름답게 보인다. 이것은 흙이 기름지고 자연생태계가 건강하다는 의미이므로 바람직한 일이다.

9) 연중재배(年中栽培)

3월에 씨를 뿌리면 그해 가을부터 겨울까지 수확하고, 봄과 가을에 심으면 1년 내내 수확할 수 있다. 줄기 아래쪽 흰 부분은 북주기해 길게 키워서 그렇다. 그러나 처음 가꿀 때는 상당히 번거로우므로 한곳에 연필만 한 것을 3포기 정도 심어, 두어 번 잎이 있는 곳까지 북주기를 해 필요한 대로 뽑아 잎과 줄기를 이용하면 된다.

파류

02

쪽파

백합과 / Chives

시기 5월 상순에 심어 7~10월에 수확

재배난이도 조금 어렵다 **이어짓기** 보통

1) 가꾸는 법

가을 김장용으로 쓸 것은 파 재배법과 같이 9월 상순에 심을 밭에 석회를 넣고, 1주일 후에 퇴비 2㎝를 이랑 전체에 뿌리고 흙과 잘 섞는다. 씨 쪽파는 8월에 종묘상이나 시장에서 구입해 다듬어 둔다. 쪽파도 마늘처럼 5~7개 정도 쪽이 생기는데, 이것을 그대로 심는 것이 아니라 1개씩 쪽을 내 말라 버린 뿌리를 깨끗이 자르고, 꼭지(줄기가 말라 버린 부분) 윗부분도 가위로 살짝 자른다.

거름은 충분히 주고 100㎝ 넓이 이랑에 줄 사이는 20㎝, 포기 사이는 10㎝, 깊이는 3㎝로 해서 1알씩 심는다. 이렇게 심으면 1평에(이랑 넓이 100㎝일 때 길이 3.3m) 씨앗은 160개 정도 필요하다. 싹이 나고 5㎝쯤 자랐을 무렵 퇴비(깻묵, 가축 분뇨 발효한 것)를 5㎜ 두께로 이랑 전면에 뿌리고 겉흙과 가볍게 섞어 물을 주면, 줄기가 부드러우면서 튼튼하게 자라 품질이 좋은 쪽파가 된다.

2) 거두기

15㎝ 정도 자라면 촘촘한 것이나 잘 자란 것을 뿌리째 뽑아내 쓴다. 다음번 종자용으로 쓸 것은 사방 20㎝ 간격으로 밭에 남겨 두었다가 잎이 마른 후 알뿌리를 캐 좋은 것만 가려 말려서 보관한다.

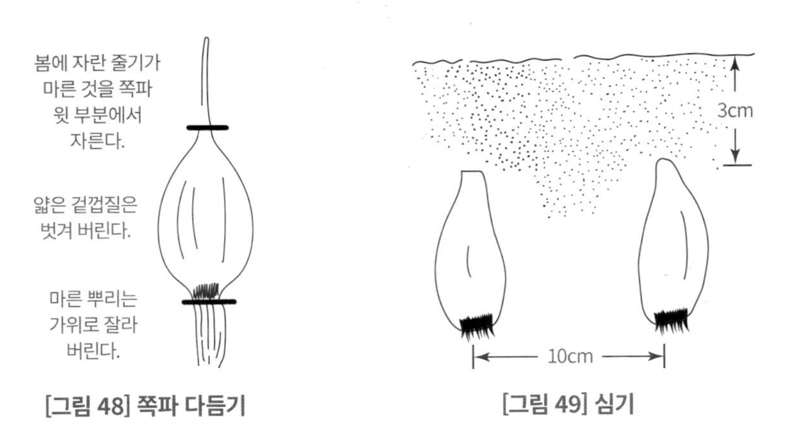

[그림 48] 쪽파 다듬기

[그림 49] 심기

파류

03

양파

백합과 / Onion

시기 9월 상순 파종, 이듬해 6월 수확
재배난이도 보통 **이어짓기** 보통 3년

“양파는 우리나라 한강 이북지방을 제외하고 전역에서 가꿀 수 있는 채소다. 가꾸기도 그리 어렵지 않으므로 가을에 모종을 심으면 이듬해 장마철 전에 주먹만 한 것을 거두니 텃밭 가꾸는 즐거움은 배가 된다. 요즘은 건강식으로도 각광받고 있어 꼭 심어볼 것을 권한다.”

1) 씨앗 구입

8월에 종자 준비를 하고, 중부지방은 추위에 강한 품종을 고르는 것이 좋다. 텃밭에서 가꿀 때는 10월 초에 종묘상이나 시장에서 파는 모종을 사서 심는 것이 더 경제적이다. 보통 1평에 160~200개 심는 것이 표준이므로 밭 넓이를 생각해서 10% 정도 여유 있게 사는 게 좋다. 만약 모종을 기를 경우는 이웃 사람과 어울려 하는 것이 좋고, 양파 씨앗을 살 때는 반드시 채종 연월을 확인해야 한다. 왜냐하면, 묵은 씨앗은 싹트는 비율이 현저히 떨어지고, 종(꽃대)이 나오는 비율도 높아 반드시 당년에 채종한 것을 사야 한다.

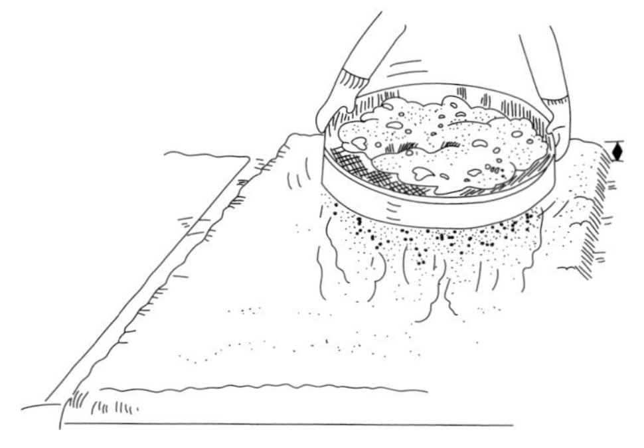

씨앗뿌리기
8월 하순~9월 상순이 적기이다. 흙이 촉촉하면 그대로, 말라 있으면 씨앗뿌리기 전에 충분히 물을 준다. 흙은 얇게 덮는다.

솎아내기
잎이 2~3매일 때 사방 1cm 정도 둔다.

[그림 50] 씨앗뿌리기와 솎아내기

2) 모판 준비

밭 한 모퉁이에 모판을 만든다. 종자 하나에서 양파 한 알이 나오며, 발아율은 70% 전후라고 생각하고 모판 간격을 잡는다. 8월 10일경에 석회를 뿌리고 20㎝ 깊이로 밭을 갈아 흙을 잘게 부순다. 1주일 후 퇴비를 1㎝ 두께로 깔고, 다시 흙과 잘 섞은 다음 모판 높이를 5㎝로 고르게 한다.

3) 씨뿌리기 시기와 방법

너무 이르게 씨뿌리기를 하면 모종이 너무 커져 봄이 되면 꽃대가 서는 것도 있고, 너무 늦으면 모종이 잘 자라지 않아 알이 작아진다. 그해 기후와도 관계가 있는데, 일반적으로 중부지방은 대체로 8월 하순, 남부지방은 9월 상순이 좋다. 궁금하면 가까운 농업기술센터나 종묘상에 문의하면 친절하게 가르쳐 준다.

비가 와서 밭에 적당한 습기가 있다면 별문제가 없으나 맑은 날이 계속될 때는 물을 뿌리고 2~3시간쯤 지나서 모판 겉흙을 약간 제거해 평평하게 한 다음, 그 위에 흩어뿌리기를 한다. 그리고 흙을 아주 얇게 덮고 그 위에 완숙퇴비도 약간 덮는다. 그다음 손바닥으로 가볍게 눌러놓고, 그 위에 볏짚이나 신문지를 덮는다. 싹이 30% 정도 나오면 걷어 낸다.

4) 솎아주기, 웃거름 주기, 김매기

촘촘하게 난 곳에 생장이 나쁜 것만 솎음질을 하는데, 잎이 2~3매 나왔을 때는 사방 1㎝ 간격으로 솎음질한다. 싹트고 15일쯤 지나면 잘 썩은 퇴비와 흙을 같은 양으로 섞어 5~6㎜ 정도 넣으면 된다. 그리고 모판이 너무 마르지 않도록 2일에 1번 정도 물을 준다. 잡초가 나면 정성껏 뽑고 그 자리에 물을 주어 흙을 가라앉히는 게 안전하다.

5) 밭 준비

양파는 산성흙을 싫어하므로 밭 50평에 석회고토비료를 20㎏ 정도로 약간 많이 뿌리고, 30㎝ 깊이로 일구어 놓는다. 1주일 후 퇴비를 2㎝ 두께로 전면에 뿌리고 흙과 잘 섞어 평평하게 한다.

6) 심기

10월 상·중순경에 이랑을 동서(東西)로 평평하게 해 줄 사이 20㎝, 포기 사이 10㎝, 깊이 3㎝ 정도로 심는다. 북쪽을 뒷면으로 해 골을 파고 기대어 놓듯이 모종을 늘어놓고, 작은 알뿌리가 가려질 2㎝ 정도로 흙을 덮고 나서 괭이로 꾹 눌러 놓는다. 잘 자라지 못하는 것은 따로 심어 작은 알뿌리로 이용하면 된다. 이런 것은 포기 사이를 좁혀도 상관없다.

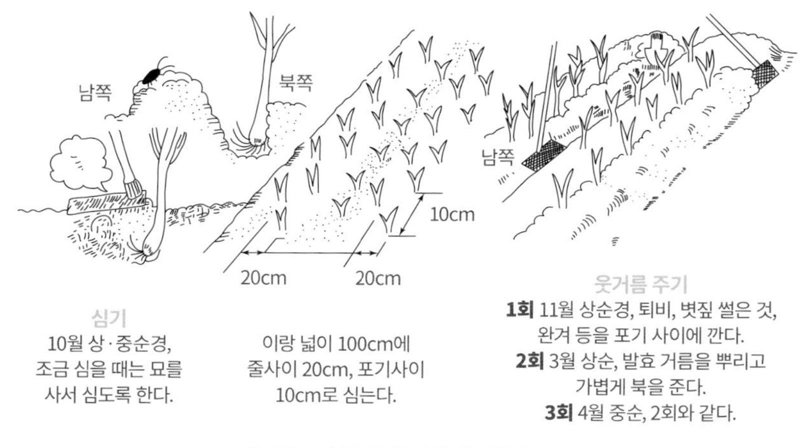

[그림 51] 양파 심기와 웃거름 주기

7) 서리대책

11월 상순경이면 뿌리가 완전히 내려 모종이 바로 선다. 이 무렵에 서리 막음을 겸해서 퇴비를 가볍게 포기 사이에 뿌린다. 추위가 심한 12월 중순부터 2월 하순까지는 서릿발로 말미암아 뿌리를 내린 모가 떠올라 마르는 수가 있으므로 12월에는 서리가 마른 낮에, 1월 이후에 서리가 심한 날에는 오전 중에 밟아준다. 서리로 말미암아 떠오른 묘는 다시 고쳐 심는다.

8) 웃거름 주기, 김매기

웃거름은 2~3번 정도 주는데 주는 방법은 그림과 같다. 그리고 토마토나 가지와 마찬가지로 흙이 기름지지 않은 곳에서는 화학비료를 보충하면 알뿌리가 고르게 커진다. 밑거름인 퇴비나 웃거름은 앞에 설명한 것처럼 준다. 양파는 화학비료를 같이 주어도 병해충이 많아지는 일은 거의 없다.

4월과 5월 수확 전에 자라는 풀을 뽑는 것도 중요하다. 그리고 양파 알뿌리가 굵어지는 때인 4~5월은 가물 때이니 7~10일 간격으로 충분히 물을 주면 알이 훨씬 굵어진다.

9) 거두기

5월 하순부터 6월 초가 되면 알뿌리가 굵어져서 수확해도 된다. 양파는 통이 완전히 커지면 줄기 목이 저절로 쓰러지는데, 50~60% 정도 쓰러졌을 때 수확한다. 더러는 꽃대가 나서 봉오리가 생기는 것도 있는데, 이런 것은 일찍 뽑아서 잎만 이용한다. 또 꽃대가 서지 않아도 알뿌리가 4~5㎝ 자랐을 때 수확하면 잎과 뿌리 모두 이용할 수 있다. 양파를 거둘 때는 날씨가 좋을 날을 택하고, 뽑고 나서 2~3일 정도는 햇볕에 말려 줄기를 묶는다. 그러고 나서 처마 밑 같은 바람이 잘 통하는 곳에 매달아 보관하는데, 이때 비는 피해야 한다. 이렇게 하면 이듬해 2월까지 보관할 수 있다.

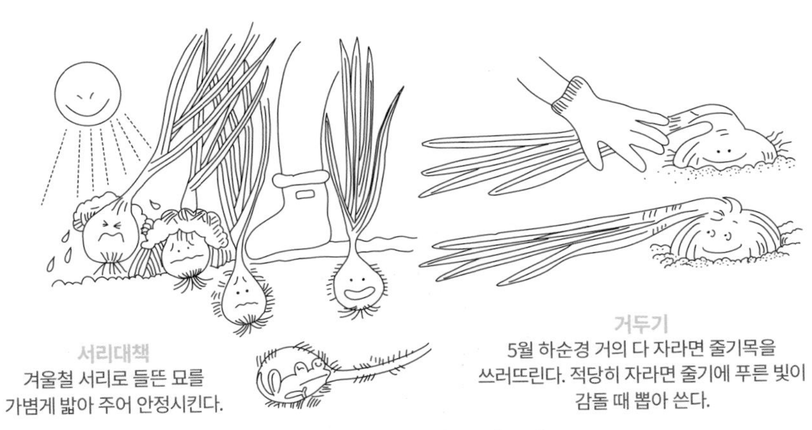

[그림 52] 서리대책과 거두기

10) 병해충

병해충은 걱정할 정도로 생기지 않는다.

파류

04

부추

백합과 / Chinese Chive

시기 봄과 가을부터 정식. **재배난이도** 쉽다.
이어짓기 한 번 심으면 3~4년은 수확

부추는 옛날부터 땀을 잘 나게 하고, 정장(整腸), 소화촉진과 함께 피를 맑게 하고, 혈액순환을 좋게 한다고 알려져 있다. 한 번 심으면 3~4년 동안 1년에 6~8번 정도 수확할 수 있고, 수확량도 많고 튼튼해 가꾸기 쉬운 채소이다.

1) 재배장소 준비

햇빛이 잘 들고, 가능하면 북쪽 바람을 막고, 물을 마음대로 줄 수 있는 곳이 좋다. 부추는 한 번 심으면 몇 년 동안 가꾸므로 밑거름으로 석회와 퇴비를 충분히 주고 땅 가꾸기를 잘해야 한다.

2) 모종 기르기

부추는 잎이 넓은 것과 좁은 것이 있는데, 넓은 것이 수확량은 많으나 부추 특유의 향기나 맛은 좁은 잎이 좀 더 낫다. 특히 경기도 양주시 지방에서는 "솔잎부추"라고 하여 솔잎처럼 가느다란 부추를 집단으로 재배하고 있다. 씨앗은 종묘상에서 알아보면 쉽게 구할 수 있다. 부추는 씨앗을 뿌려 그대로 가꾸는 방법과 모종을 길러 옮겨심기하는 법, 그리고 몇 년간 자란 생육이 좋은 것을 뽑아 몇 포기씩 심는 포기나누기가 있다.

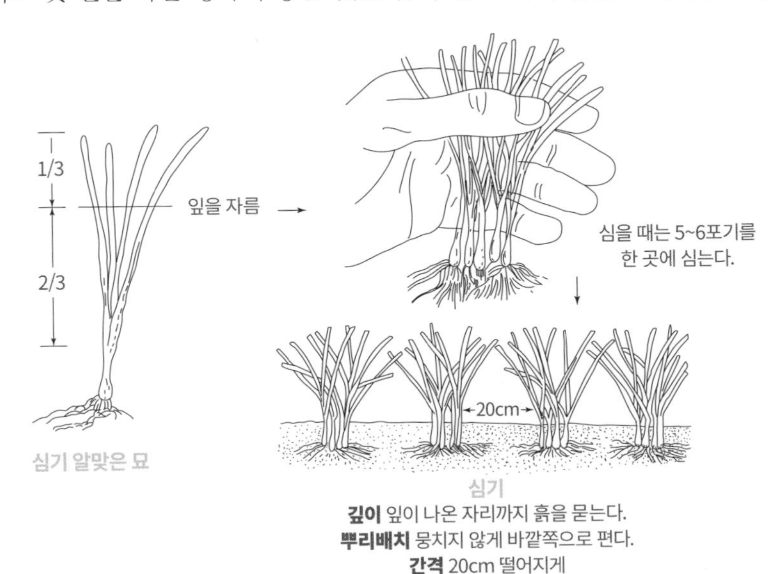

[그림 53] 묘의 심기

①밭에 씨앗을 뿌려 그대로 가꾸는 방법

거름을 충분히 준 밭에 줄 간격 20cm 정도, 포기 간격 15cm로 씨앗을 10알 정도 둥그스름하게 뿌리고, 흙을 0.5cm 정도 덮고 가볍게 눌러준다. 싹이 나면 이것들을 한 포기로 간주하고 관리한다.

②모종을 길러 옮겨심기하는 방법

밭 한쪽 기름진 곳을 골라 씨앗을 뿌리거나 깊이 10cm 정도 되는 스티로폼 상자 바닥에 물이 빠지는 구멍을 여러 개 뚫고, 퇴비를 1cm 정도 깐 후 기름진 흙을 상자에 넣는다. 씨앗을 줄 간격 5cm, 포기 사이 1cm 정도 되게 1알씩 뿌리고 흙을 가볍게 덮은 후 물을 충분히 준다. 햇빛이 잘 드는 곳에 두고 겉흙이 마르면 물을 준다.

모종을 기를 때는 밭이건 상자건 2달에 1번 정도 깻묵, 쌀겨, 계분 등과 흙을 반반씩 섞어 발효가 잘된 가루 거름을 만들어 준다. 3월 중·하순경에 뿌린 씨앗은 7월경에 밭에 심기도 하나 이듬해 봄 3월에 새싹이 나오기 전에 심는 것도 좋은 방법이다.

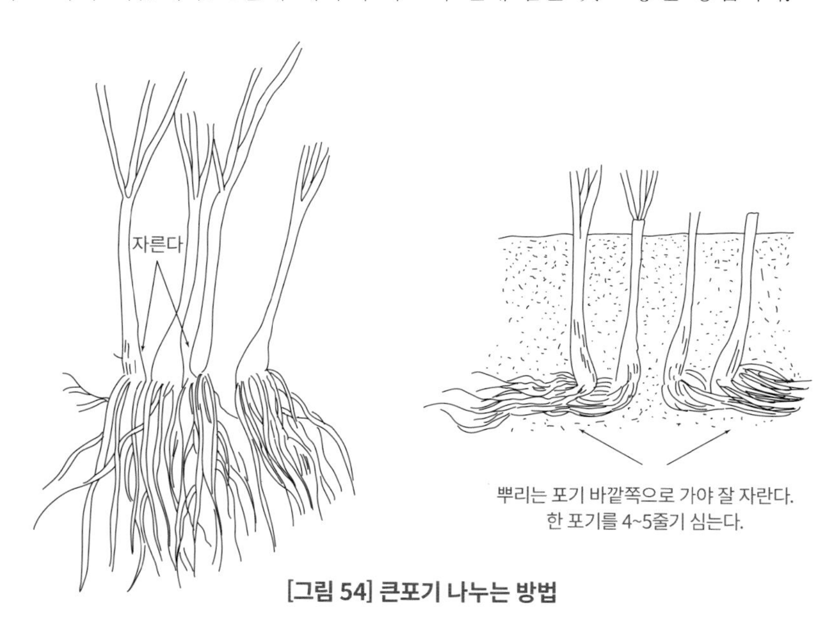

[그림 54] 큰포기 나누는 방법

③큰 포기 나누는 방법

모종을 심고 3년쯤 지나면 포기가 직경 10~15㎝ 정도 되고, 줄기는 수십 개로 늘어난다. 이 포기를 뽑아내 건강하고 굵은 줄기를 골라 5~6개 정도를 한 포기로 하여 초봄에 밭에 심는다.

3) 모종 심기

밭은 앞에서 설명한 것처럼 거름을 충분히 주어 기름지게 만들어야 한다. 모종을 뿌리째 파서 한곳에 5~6개를 2㎝ 간격으로 둥그스름하게 심는다. 이렇게 심은 것을 한 포기로 보고, 뿌리가 잘 내리도록 잎끝 부분을 1/3 정도 자르고 심는다.

심는 간격은 사방 20㎝로 하는데, 포기 사이에 깻묵 거름을 한 줌 정도씩 뿌린다. 심는 깊이는 모판에서 자라던 대로 한다.

4) 거두기와 웃거름 주기

부추 잎이 15~20㎝ 정도 자라면 수확하는데, 이때 땅에 바짝 붙여 자른다. 이렇게 해야 다음 잎이 잘 나온다. 웃거름은 수확하고 난 다음 포기 사이에 충분히 주고, 호미로 흙과 섞은 다음 물을 흠뻑 주면 좋다.

이렇게 몇 년이 지나면 포기가 너무 크게 자라 무성해지고 뿌리가 엉켜서 잘 자라지 않는다. 이때는 포기를 삽으로 뿌리째 뽑아내 버리고 다시 밭을 잘 일구어 두었다가 모종을 심는 것이 좋다.

5) 겨울 넘기기

부추를 심어 가을에 베고 그대로 두면 겨울에 건조와 추위로 동해를 입을 우려가 있다. 가을 수확이 끝난 뒤 물을 충분히 준 다음 이랑에 볏짚이나, 왕겨, 퇴비 등을 5㎝ 정도 덮고, 2월 말이나 3월 초에 새싹이 돋기 시작하면 거친 볏짚은 걷어 내지만 겨울에 썩은 퇴비는 그대로 둔다.

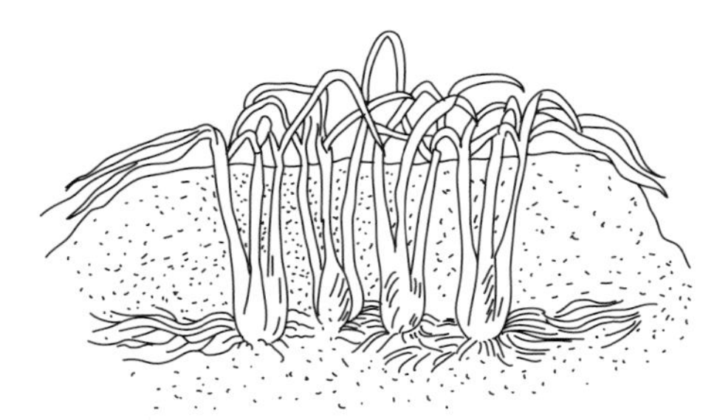

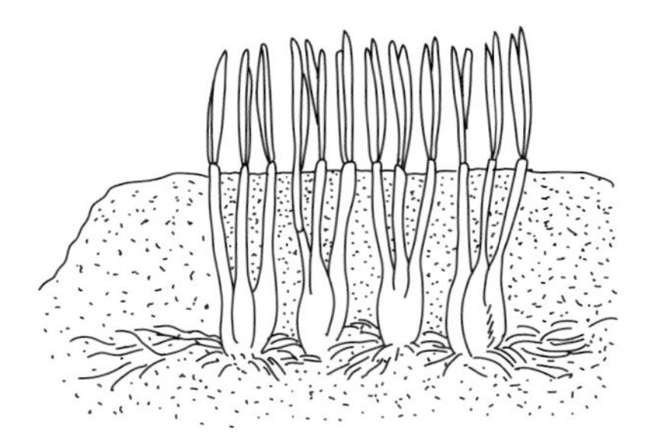

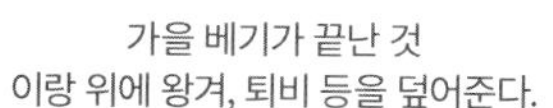

가을 베기가 끝난 것
이랑 위에 왕겨, 퇴비 등을 덮어준다.

봄에 새싹이 나오면 덮은 것을
가볍게 걷어낸다.

[그림 55] 겨울 넘기기

6) 병과 벌레 막기

별다른 병이나 해충은 없는 편이나 만약 발생하면 땅에서 바짝 잘라내고 다시 자라도록 한다.

파류

05

마늘

백합과 / Garlic

시기 10월 상순에 파종해 6월 수확 **재배난이도** 보통
이어짓기 2년쯤 심은 후 돌려짓기

"마늘은 맛과 향이 짙어 양념 재료로 빼놓을 수가 없어 우리나라 식탁에서 한시도 없어서는 안 되는 채소이다. 전에는 냄새와 매운맛 때문에 꺼렸으나 과학이 발달하며 마늘 효능이 계속 밝혀지자 어떤 채소에도 뒤지지 않는 보건 채소가 되었다. 텃밭에 심으면 가꾸기 그리 까다롭지 않아 잘 자란다."

1) 종류와 품종

마늘은 씨앗(종이 올라와 맺히는 열매)이 생기지 않도록 종은 뽑아 반찬으로 쓴다. 또 마늘을 씨앗으로 뿌리면 2년은 지나야 식용으로 쓸 수 있어 번거롭기 때문에 종구(種球, 마늘통에 있는 6개 정도의 마늘쪽)를 종자로 쓴다. 그러나 마늘은 종구 값이 비싸고 바이러스 같은 병이 든 것이 많아 요즘은 종에서 나온 열매(주아, 珠芽)로 번식하는 연구도 한다. 우리나라는 남해안지방에서 가꾸는 난지형(暖地型)과 중부내륙지방에서 가꾸는 한지형(寒地型) 마늘이 있다. 난지형 마늘은 대부분 빨리 자라는 조생종이다. 보통 6쪽 마늘이라고 부르는 것은 한지형으로 매운맛도 강하고 저장성도 좋아 소비자에게 인기가 높다.

2) 가꾸기 알맞은 환경

① 온도

마늘은 더위에 약하여 25℃ 이상이 되면 잎과 줄기가 말라 죽는다. 추위에도 그렇게 강하지 않아 중부지방에서는 겨울철에 어린 식물체가 얼어 죽을 염려가 있으므로 10월에 심어 싹이 겨우 나면 왕겨나 볏짚, 비닐 등으로 덮어 보온해야 한다. 봄이 되어 땅이 녹으면 덮었던 것을 벗기고 웃거름을 주어 자라게 한다. 물론 남부지방에서는 9월에 심으면 겨울철에 잎이 여러 장 나와 빠른 건 겨울철에도 풋마늘로 수확한다.

② 밭

마늘은 가을에 심어 이듬해 6월까지 자라므로 밭 흙이 깊고 물 빠짐이 좋으며 기름진 땅에 심어야 한다. 산성흙은 싫어하므로 심기 전에 석회비료를 30평당 15㎏ 정도 뿌리고 퇴비를 듬뿍 주어야 한다.

3) 가꾸기

① 마늘 준비

마늘씨는 너무 크지도 작지도 않은 중간 크기가 좋다. 통마늘에서 상처가 없고 단단한 것을 따서 쓰는데 껍질을 벗길 필요는 없다.

② 심는 시기

남부지방에서는 8월 말~9월 상순경에 일찍 심고, 중부지방에서는 일찍 심어 너무 자라면 겨울에 얼어 죽을 우려가 있으므로 10월 중·하순경에 심는 것이 안전하다.

③ 심기

보통 줄 사이 20㎝에 포기 사이 10㎝ 정도가 알맞은데, 120㎝ 이랑에 심을 경우 1평(120㎝×270㎝)이면 150알 정도를 심는다. 그러나 소규모 텃밭에서는 이보다 약간 더 촘촘하게 심어도 괜찮다. 풋마늘일 때 솎아 먹어도 별미이다. 마늘 1접(100통)이면 마늘씨가 6,000개 정도 나오니 약 3~4평은 심는 셈이다. 깊이는 5~6㎝가 알맞고, 뿌리 부분이 아래로 가도록 세워서 심는 게 좋다.

④ 관리

중부지방은 11월 말이 되면 볏짚이나 왕겨 또는 비닐을 덮어주어 추위 피해를 보지 않도록 한다. 덮은 것은 3월 초에 땅이 풀리면 걷어야 한다. 첫 번째 웃거름은 덮은 것을 걷고 나서 발효거름을 넉넉히 주고 골 사이를 매면서 흙과 잘 섞이도록 한다. 거름을 늦게 주면 벌마늘(마늘쪽에서 싹이 나와 통이 터진 것)이 생길 우려가 있으니 두 번째는 첫 번째 거름을 주고 30~40일 후에 주고, 4월 하순 이후는 주지 않는 것이 안전하다. 마늘은 봄 가뭄이 심하면 통이 자라지 않으므로 4~5월에 물을 충분히 주도록 한다.

⑤ 마늘종 뽑기

마늘종을 그대로 두면 마늘통이 잘 자라지 않으므로 10㎝쯤 나오면 뽑아서 반찬으로 쓰면 별미이다. 남해안 고흥·남해 등 마늘 주산지에서는 이 마늘종 수입도 짭짤하다.

4) 거두고 저장하기

6월 들어 날씨가 더워지면 마늘통이 다 자라 잎과 줄기가 마르기 시작한다. 대체로 잎이 반쯤 말랐을 때 맑은 날 뽑아 햇빛에 2~3일간 충분히 말려 저장한다. 대를 엮어 비를 피하고 바람이 잘 통하는 곳에 매달아도 되고, 마늘통 위로 대를 5㎝쯤 남기고 잘라 그물주머니에 넣어 매달아도 좋다.

CHAPTER

07

열매채소류

열매채소류

01

고추

가짓과 / Chili Pepper

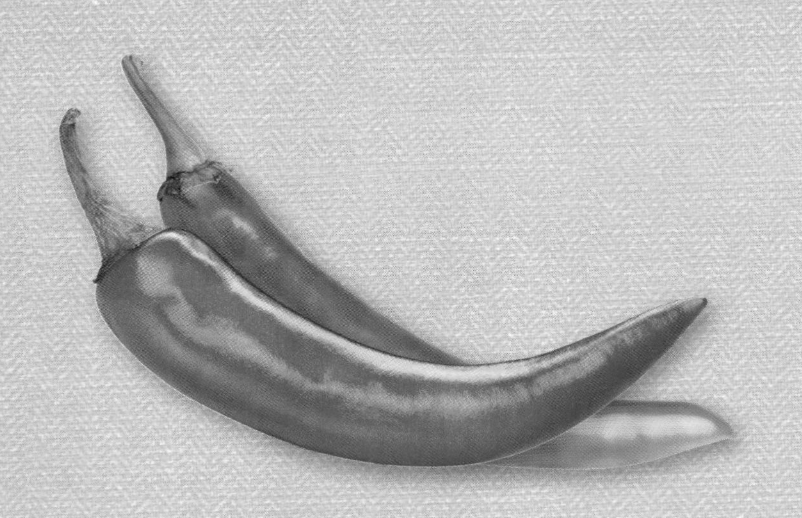

시기 1월 하순~2월 상순 씨뿌리기, 4월 하순~5월 상순 심기, 6월 하순~10월 중순 수확
재배난이도 보통 **이어짓기** 2년쯤 심은 후 돌려짓기

"고추는 자라는 기간이 길어 봄에 심으면 가을 서리가 내릴 때까지 가꾸어야 한다. 처음은 풋고추로 시작해서 7월 말부터는 붉은 고추까지 따는 재미는 텃밭채소를 가꾸는 재미에 있어서 으뜸이다. 특히 풋고추와 고춧잎에는 비타민 A, B, C가 채소 가운데 가장 많으므로 영양도 뛰어나다. 또 고추의 매운 성분인 캡사이신(Capsaicin)은 지금까지 위장을 자극해 건강에 해롭다고 알았으나 최근에는 이 성분이 지방(脂肪)을 분해하는 작용을 해 비만을 방지한다는 결과가 나와 인체에 유익한 우수한 채소라는 것이 입증되었다."

[표 11] 각종 채소가 함유한 비타민 함량분석

종류	부분	A(IU)	B(mg)	C(mg)
고추	잎	15,000	400	240
	열매	7,800	280	220
시금치	잎	8,800	140	200
당근	뿌리	13,800	150	15
배추	녹색 부분	1,400	160	90
	백색 부분	0	50	50
무	뿌리	0	35	20
	잎	3,700	140	45
토마토	열매	200	60	15
양파	알뿌리	0	10	10

1) 종류와 품종

고추에는 여러 종류가 있다. 우리나라에서 재배하는 고추 대부분은 매운 것으로 고추장이나 김장용으로 쓰이고, 반찬용으로는 작고 부드러워 맵지 않은 꽈리고추, 그리고 서양고추로 불리는 매운맛이 전혀 없고 둥글게 생긴 단고추(파프리카, 피망)가 있다. 또 화초용으로 구슬처럼 둥근 것, 원뿔 모양으로 여러 색깔이 나오는 것, 식용으로도 쓰고 꽃꽂이용으로도 많이 쓰는 팔방(八房) 계통으로 거꾸로 자라며 한곳에서 여러 개가 나오는 것 등도 있다.

단고추는 따로 설명하기로 하고, 꽈리고추는 일반 고추와 가꾸는 방법이 다를 바 없다.

다만 꽃이 지고 5~7일쯤 지난 부드러운 것이 인기이므로 계속 따내면 다음 것이 잘 맺혀 수량이 많아진다. 고추는 본디 매운 것이라는 인식이 깊이 박혀 있으나 요즘은 육종 방향이 덜 매운 것으로 가고 있어 별 부담 없이 날로 먹는 풋고추 품종이 많다. 반면에 청양고추 같은 아주 매운 것도 있어 얼큰한 것을 좋아하는 사람 식성을 맞추고 있다.

2) 가꾸기에 알맞은 환경

① 온도

싹틀 때는 28~30℃가 좋은데, 자라는 데는 25~30℃가 좋다. 햇빛이 잘 들어야 병 없이 잘 자라 수량이 많아진다.

② 밭

습기가 어느 정도 있는 흙이 좋은데, 마른 밭은 열매도 작고 열리는 숫자도 적다. 흙 산도(酸度)는 약산성이나 중성이 좋으므로 매년 석회비료를 30평당 12~15kg 정도 뿌리는 것이 좋다.

3) 가꾸기

① 밭 준비

아무리 텃밭이라도 씨앗을 바로 뿌려 가꾸는 방식은 몹시 나쁜 방법이므로 반드시 모종을 키워 심거나 다른 사람이 키운 것을 사서 심어야 열매가 많이 맺힌다. 모종을 심기 15일 전에 퇴비(가축 분뇨, 깻묵, 쌀겨, 음식물 찌꺼기를 발효시킨 것)를 30평당 150kg 정도, 석회비료는 12~15kg을 뿌려 밭을 깊이 갈아엎는다. 심기 5~7일 전에 다시 복합비료를 5kg 정도 뿌려 흙과 섞은 뒤 이랑을 만들어 비닐로 덮는다.

② 모종 기르기와 밭에 심기

앞에서도 잠깐 이야기했지만 텃밭에 고추를 심으려면 모종을 사서 심는 것이 유리하다. 고추는 모종을 기르는 기간이 80~90일이나 되므로 관리하기 여간 까다로운 게 아니다.

㉠ 모종 심는 때

고추를 비닐하우스 같은 시설에 심지 않고 노지에 심을 때는 늦서리가 내리는 시기가 가장 중요하다. 서리 피해가 없는 시기에 심어야 안전한데, 중부지방은 5월 10일 이후, 남부지방은 4월 25일 이후라야 좋다. 밭 준비도 모종 심기 5~7일 전에 다 준비해 두어야 하며, 모종은 가까운 종묘상에서 구하는 것이 좋다. 모종은 반드시 품종과 그 특성을 잘 알고 심어야 가꾸기 쉽다.

풋고추 전용, 익은 고추 전용 등이 있으나 요즘은 대부분 풋고추와 익은 고추 겸용이다. 그리고 아주 매운 품종과 매운맛이 별로 없는 품종, 그 중간인 품종 등 여러 가지가 있으므로 잘 알아보고 선택해야 한다.

ⓛ 심는 방법

모종은 보통 흙에 심고 가꾸어 뽑아 뿌리가 드러난 것, 포트에 기른 모종, 플러그(plug) 모종이라고 모종 기르는 공장에서 키운 것이 있다. 모종 상태는 포트나 플러그 모종이 키도 작고 약해 보이며 심은 후 자라는 속도도 늦어 잘 키운 일반 모종보다 늦지만, 전체 수량은 차이가 없다. 그리고 심은 후 뿌리내리기는 포트 모종과 플러그 모종이 빠르므로 처음 심을 때는 이 모종을 심는 것이 안전하다.

심는 거리는 대략 100㎝ 이랑에 2줄을 심거나, 70~80㎝ 이랑에 한 줄로 심는데 포기 사이는 45㎝쯤으로 한다. 비닐을 씌웠다면 먼저 비닐을 약간 찢고 고추를 심을 구덩이를 10㎝ 정도 판 후 물을 500cc쯤 주고 물이 다 스민 후에 심는다. 그리고 나서 흙을 덮고 흙 위에 다시 물을 주면 좋다.

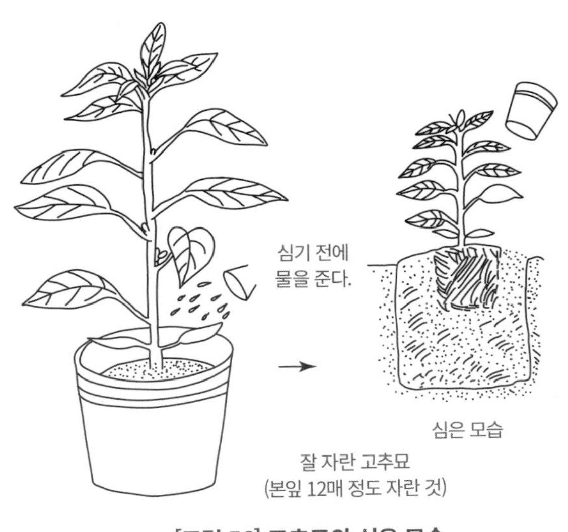

[그림 56] 고추묘와 심은 모습

③ 관리

㉠지주 세우기

고추는 반드시 지주를 세워야 한다. 심은 후 15일쯤 지나 길이 1.2m 정도 되는 막대기를 포기마다 세우거나 3포기 간격으로 1개씩 세우고, 튼튼한 끈으로 2~3단씩 고추가 자라는 대로 가로 묶어 비바람에 쓰러지지 않도록 해야 한다.

ⓛ웃거름 주기

고추는 자라는 기간이 길고 열매도 많이 달리므로 거름을 많이 필요로 하는 채소이다. 그래서 웃거름을 심은 후 25~30일 간격으로 3번 정도 주는 것이 좋다.
주는 양은 깻묵, 쌀겨, 계분 등을 발효시킨 것을 포기당 한 줌 정도 주거나 복합비료를 한 숟갈 정도 포기 사이에 구멍을 뚫고 준 다음 흙으로 덮는다.

ⓒ 물 주기

고추밭에는 너무 습기가 많아도 안 되지만 건조해도 안 좋으므로 텃밭을 가꿀 때는 5일 정도 간격으로 포기 옆에 물을 주는 것이 좋다. 특히 모종을 심은 후인 5~6월과 장마가 끝난 후인 8~9월에는 물주는 데 더욱 신경을 써야 좋은 고추를 많이 거둘 수 있다.

ⓔ 병·벌레 막기

벌레는 진딧물과 담배나방, 병은 돌림병(역병)과 탄저병 등이 있는데 건전한 모종을 드물게 심고 유기물과 비료를 적당히 주어 건강하게 기르면 큰 염려를 하지 않아도 된다. 그러나 병해충이 심하면 가까운 농업기술센터에 문의해 대책을 세워야 한다. 풋고추는 늘 따서 먹는 채소이므로 농약은 사용하지 말아야 한다.

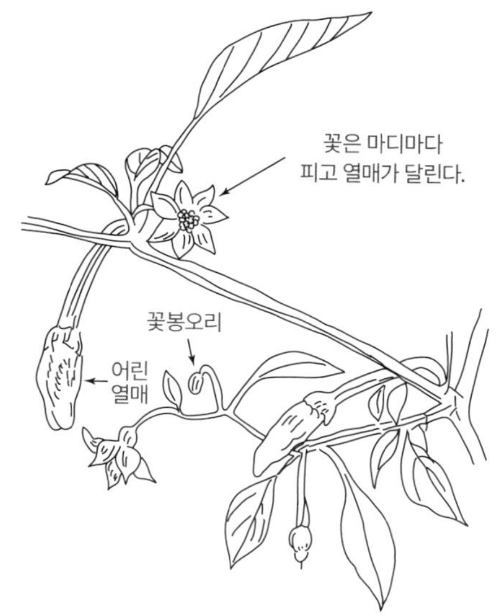

[그림 57] 고추꽃봉오리·꽃·어린 열매

4) 고추 따기와 말리기

풋고추는 꽃이 핀 후 10~15일쯤, 익은 붉은 고추는 45~50일쯤에 딸 수 있다. 특히 처음 맺히는 한두 개는 일찍 따야 고추나무가 잘 자라므로 꼭 유의해야 한다.
붉은 고추를 말리는 요령은 건조기에서

2~3일 말린 후 햇빛에 2~3일 더 말리는 법과 처음부터 햇빛에 말리는 방법이 있는데, 햇빛에 말리는 방법은 상당히 번거롭고 시간도 10여 일 걸린다. 우리나라는 예로부터 '태양초'를 가장 높이 평가한다.
텃밭에서 조금씩 가꾸는 고추는 깨끗한 물로 씻어 물기를 완전히 뺀 후 1.5m 정도 실로 고추 꼭지를 꿰어 햇빛이 잘 드는 곳에 매달아 두면 보기도 좋고 곱게 잘 마른다.

열매채소류

02

가지

가짓과 / Eggplant

시기 4월 하순이나 5월 상순에 모종 심기
6~10월에 수확 **재배난이도** 보통
이어짓기 2년쯤 심은 후 돌려짓기

“ 가지는 가꾸기 까다롭지 않아 텃밭채소의 대표라 할 수 있다. 거름이 충분히 있는 곳이면 10포기 정도만 심어도 4~5명 가족이 먹기에 충분하다. 인도가 원산지라고 하는데, 우리나라 신라 시대에 이미 가지 재배기술과 성질에 관한 기록이 있는 것으로 보아 우리 식탁과는 오랜 인연이 있는 친숙한 채소이다. ”

1) 종류

가지는 그 생김새로 보아 긴 가지, 둥근 가지 등이 있는데 보통 쇠뿔가지라고 부르는 긴 가지를 많이 심는다.

2) 가꾸기 알맞은 환경

자라는 데 알맞은 온도나 환경은 고추와 거의 비슷하므로 참고하기 바란다.

3) 가꾸기

① 밭 준비

가급적이면 비옥한 곳을 택하고, 이전에 심었던 땅은 피한다. 같은 과인 감자, 토마토, 고추의 뒷그루도 좋지 않다.

4월 초에 예정된 밭에 석회를 뿌리고 흙과 섞어 놓는다. 4인 가족 집에서는 10포기면 충분한 양이다. 면적은 폭 1m, 길이 3m(약 1평)를 준비한다. 4월 중순경 밭 전면에 퇴비를 5㎝ 두께로 깔고 깊이 25㎝로 섞는다. 이랑 높이는 15㎝ 정도로 하는 게 좋다.

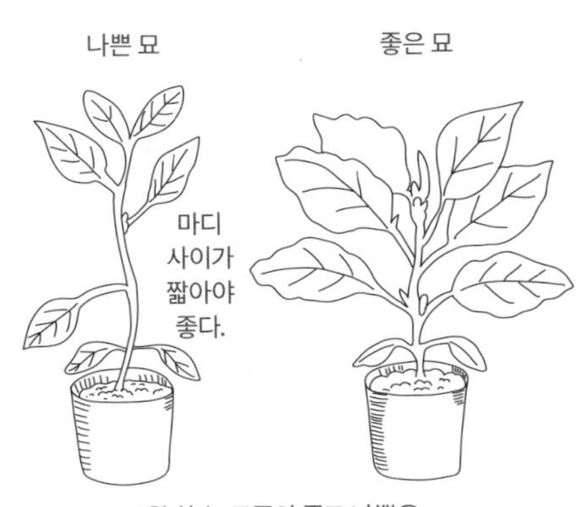

[그림 58] 좋은 묘·나쁜 묘

② 모종 심기

남부지방은 4월 하순, 중부지방은 5월 상순에 따뜻한 날을 택하여 가까운 종묘상에서 필요한 만큼 사서 그날 정식한다. 모종은 잎과 잎 사이가 짧고 줄기가 굵은 것을 고른다.

모종을 심은 포트보다 2~3㎝ 더 큰 구멍을 파고 뿌리가 상하지 않도록 모종을 넣고 흙을 채운다. 심은 모종 주변은 퇴비를 전면에 2㎝ 두께로 깔고 겉흙과 가볍게 섞는다. 그 후 뿌리를 내리지 않은 모종이 바람에 쓰러지지 않도록 그림과 같이 임시 지주를 세우고 묶어 놓는다.

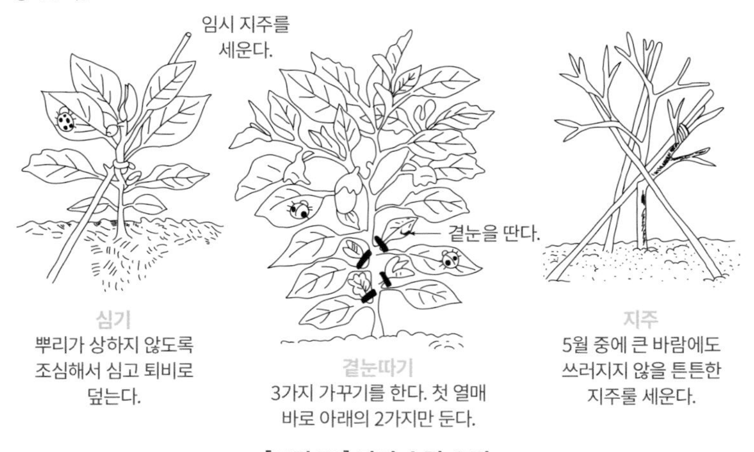

[그림 59] 가지 손질 요령

③ 가지 만들기

모종을 심을 때 이미 첫 번째 열매에 꽃이 맺혀 있다. 그림과 같이 첫 번째 열매 아래 곁가지나 곁눈 2개를 남기고 그 아래에 생기는 곁눈은 모두 일찌감치 따내어 원가지와 합치도록 3가지 가꾸기를 한다. 이 3가지를 기본으로 해서 거기서 나오는 눈은 전부 자라게 한다. 또 5월 중에 첫 번째 열매는 일찍 따 포기가 잘 자라게 한다.

④ 웃거름 주기, 짚 깔기

가지는 거름을 많이 요구하는데, 웃거름을 3~4회 주어야 제대로 자란다. 심고 1달쯤 지나 이랑 위에 발효가 잘된 깻묵, 쌀겨, 가축 분뇨 등을 넉넉히 뿌린 후 가볍게 흙으로

[그림 60] 웃거름주기 · 따내기

덮어주면 된다.

장마철이 되기 전인 6월 중·하순에 볏짚 같은 식물성 짚을 깔고, 없으면 검은 비닐이나 신문지를 3겹 정도 흙이 보이지 않게 덮는다. 이때 신문지나 비닐을 덮기 전에 물을 충분히 주는 것이 중요하다. 이렇게 해 두면 잡풀도 잘 나지 않고, 흙 속 물기도 유지되고, 비 올 때 습한 것도 막고, 흙이 튀어 잎이나 열매가 더러워지거나 병이 생기는 것을 막는 등 여러 이점이 있다.

⑤ 가지 손질

여름이 되면 더위와 벌레 피해 등으로 잎이 상하기도 하고 잘 열리지도 않는다.

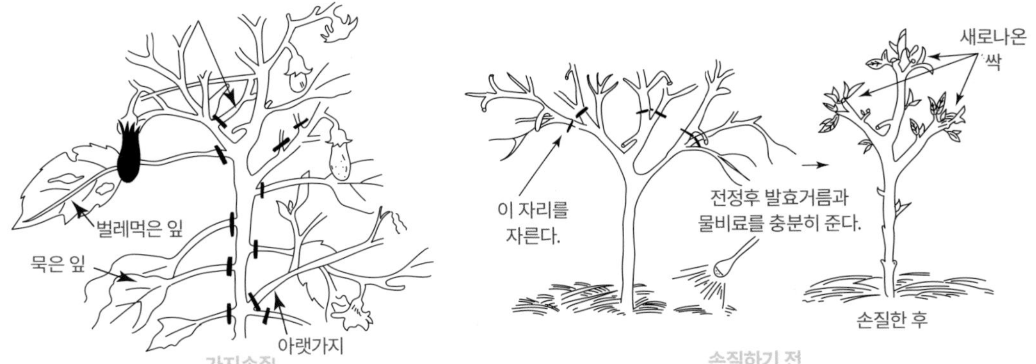

여름철이 되어 바람이 잘 통하지 못하게 하는 밴가지과, 잎, 병들었거나 벌레먹은 잎, 아랫가지 등을 최소한으로 잘라준다.

[그림 61] 가지손질 요령

가지를 따는 것은 6월 중순경부터인데, 여름이 되면 수세가 약해진다. 가을부터 다시 세력을 강하게 하기 위하여 7월 중순경 나무 손질을 좀 한다. 자라는 동안 약 1달 정도 열매를 딸 수 없다.

[그림62] 새 가지 내기 위한 손질요령

7월 말에 상한 잎이나 너무 자란 가지는 잘라내어 전체의 3분의 2 정도로 한다. 너무 잘라 버리면 포기 힘이 없어져 잘 열리지 않을 경우도 있으므로 주의한다. 가지를 솎은 후에는 바로 웃거름과 물을 충분히 주어 새 가지가 빨리 나오도록 해야 한다.

⑥ 화학비료도 같이 준다

밭을 새로 일구어 처음 재배하는 땅 흙은 그다지 비옥하지 않다. 그런 밭에는 화학비료를 조금 주면 수확량을 늘릴 수 있다. 이때는 18-0-18 같은 질소와 가리가 든 복합비료가 좋다. 한 포기에 한 숟갈 정도로 여러 번 나누어 준다.

유기질비료는 앞에서 설명한 대로 주고, 그 밖에 월 2회 정도 조금씩 화학비료를 보충해 준다. 화학비료를 같이 주면 전체적으로 포기가 커지고 열매가 많이 열리는 경향이 있다. 그리고 화학비료를 많이 주면 무당벌레나 진딧물 피해가 늘어나므로 언제나 최소한으로 한다. 웃거름은 9월 중순경까지만 준다. 퇴비만으로 가꾼 가지가 색깔, 광택, 열매의 단단함, 맛 등이 좋으나 화학비료를 조금 써도 별문제는 없다.

4) 거두기

6월 중순부터 10월까지 따낼 수 있다. 가정용 텃밭에서는 열매가 너무 클 때까지 두면 힘이 약해지고 맛도 안 좋으니 15㎝쯤 되어 부드러울 때 따도록 한다.

5) 병과 벌레 막기

가지는 무당벌레와 진딧물이 잘 생긴다. 무당벌레 어미는 딱정벌레인데 진딧물을 잡아먹는 이로운 벌레이기도 하다. 잎을 갉아 먹는 것은 어린 애벌레인데, 어린 벌레는 노란색이고 검은 털이 숭숭 나 있다. 갉아 먹은 자리는 여러 줄이 한꺼번에 생긴다.

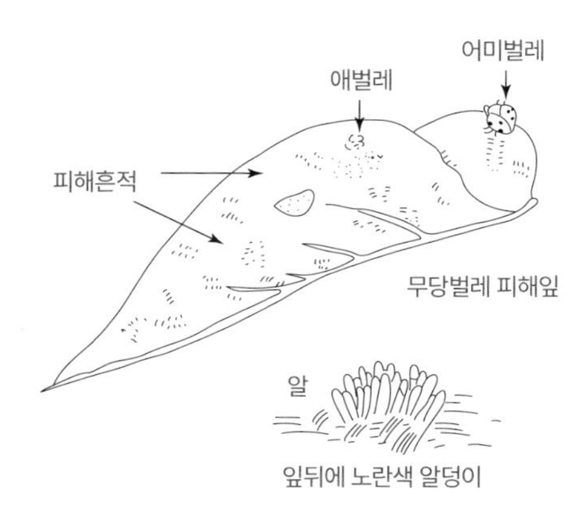

[그림 63] 무당벌레 피해모양

퇴비를 많이 주고 적당히 드문드문 심어 햇빛이 잘 들고 바람이 잘 통하면 병해충 피해가 적다. 무당벌레 어미와 애벌레를 2~3일에 한 번씩 잎 앞뒤를 들춰보며 잡는 게 가장 좋은 방법이다. 진딧물은 잎 뒤쪽에 잘 생기는데, 앞에서 설명한 것처럼 요구르트나 담배꽁초 우려낸 물을 며칠에 한 번씩 분무기로 잎 앞·뒤쪽에 충분히 뿌리면 훨씬 낫다. 늙어 누렇게 된 아래 잎이나 벌레가 많이 갉아 먹은 잎은 따는 게 좋다.

열매채소류

03

토마토

가짓과 / Tomato

시기 5월 상순에 심어 7~10월에 수확
재배난이도 보통 **이어짓기** 2년쯤 심은 후 돌려짓기

“토마토는 영양과 미용채소로 불릴 만큼 비타민 A와 C를 풍부하게 함유하고 있는 생식 열매채소이다. 또 가공용으로도 널리 쓰여 케첩, 주스 등 날로 그 수요가 늘고 있다. 토마토는 온상재배를 하면 종자부터 가꿀 수 있으나 텃밭재배라면 모종을 구입해서 심는 것이 좋다.”

1) 종류와 품종

토마토는 가짓과 채소로 가지·고추·감자와 사촌이라고 할 수 있다. 원산지는 중남미로 그곳 인디언은 기원전부터 재배해 왔다고 한다. 우리나라에서 재배하는 토마토는 한 송이(화방)에 주먹만 한 크기로 5~6개씩 달리는 보통 토마토, 메추리알 정도 크기로 한 송이에 수십 개씩 달려 관상용 가치도 높은 방울토마토가 있다. 어느 것이든 종묘상에 가면 씨앗을 구할 수 있는데 1작 씨앗 수는 약 1,500알이다.

2) 가꾸기

① 밭 준비

앞그루에서 심한 병해가 있었던 곳이나 가짓과 채소를 여러 해 심었던 밭은 피하도록 한다. 3월 중·하순이면 밭 만들기를 시작하는데, 이랑 넓이는 110㎝ 정도로 해 2줄로 심는 것이 관리하기 편하다.

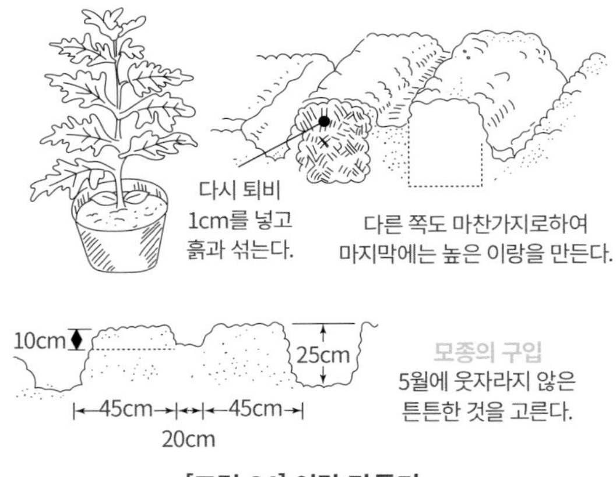

[그림 64] 이랑 만들기

밭 전면에 석회를 30평당 15㎏ 정도 뿌리고 25㎝ 깊이로 갈아엎는다. 4월 상순에 골을 파고 그림과 같이 퇴비를 넣고 흙과 섞는다. 토마토는 완숙한 제일 고운 퇴비를 많이 넣어 높은 이랑을 만드는 게 요령이다. 질소질 성분이 너무 많으면 잎과 줄기만 무성하고, 열매도 잘 달리지 않고, 병해충이 우려되므로 계분이나 콩깻묵 양을 줄이고 충분히 발효한 퇴비를 만들어 밑거름으로 쓴다.

② 심기, 지주 세우기

남부지방은 4월 하순, 중부지방은 5월 초 따뜻한 날을 택해서 정식한다. 110㎝ 이랑에 두 줄로 심는데, 포기 사이를 50㎝ 정도로 한다. 모종은 습해질 정도로 물 주기를 한 후 분에서 떼어 내 뿌리가 상하지 않도록 구멍에 넣어 얕게 심는다. 그런 다음 30㎝ 정도 되는 지주를 모종 옆에 세우고 묶는다. 정식하자마자 모종에 굵은 지주를 세우면 뿌리에 좋지 않으며 뿌리가 완전히 내린 다음 길이 2m 정도 되는 대막대기나 각목으로 정식 지주를 세운다. 지주는 토마토 뿌리에서 10㎝ 정도 떨어진 곳에 단단히 박아 뿌리를 상하지 않도록 한다.

[그림 65] 심고 지주 세우는 요령

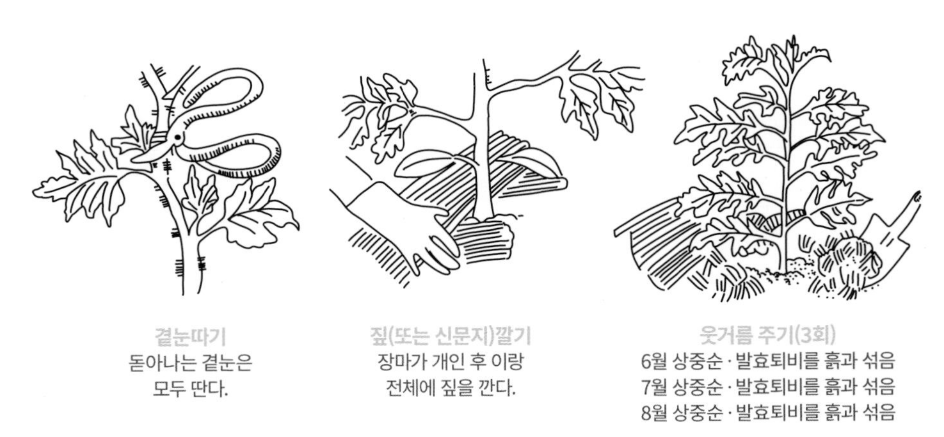

[그림 66] 곁눈따기 · 웃거름 주는 요령

③ 웃거름 주기, 김매기

심은 후 마른 퇴비나 신문지 몇 겹을 이랑 위를 덮어 놓는다. 이것은 비료라기보다는 흙이 습기를 유지하고, 빗물이 튕겨 생기는 병해를 막기 위함이다. 그 후 생육 정도를 보고 웃거름을 주는데, 질소질 비료가 많으면 잎이나 줄기만 무성하므로 반드시 가리질 거름과 같이 준다.

④ 화학비료

화학비료를 많이 쓰면 병해충이 더 많아진다. 그러나 인산, 가리가 많은 복합비료(18-0-18)를 3주일에 1회, 1회에 숟가락 1개 정도를 주면 유기질비료만 준 것보다 확실히 열매가 크다.

그러나 유기질만으로 가꾼 토마토는 과육이 두껍고, 완숙해도 단단해 짙은 맛이 나는데, 화학비료를 같이 주면 가꿀 때 물기가 좀 많고 맛도 좀 떨어지지만 별문제는 아니다.

⑤ 순지르기와 기타 손질

토마토는 주지(主枝), 즉 원줄기만 키우는 외대 가꾸기 방식이 좋다. 토마토는 그 성질이 본디부터 잎겨드랑이에서 곁눈(곁가지)이 차례로 나오므로 일찍 따야 한다. 곁가지를 따지 않고 그대로 두면 줄기만 무성해지고 열매는 빈약하다. 이 곁눈은 삽목(揷木), 즉 꺾꽂이해도 뿌리를 잘 내리므로 모종으로 가꿀 수도 있다. 방울토마토는 곁눈을 2개쯤 길러 열매를 맺게 하면 10월 중순경까지 수확할 수가 있어 전체 수확량은 많아진다. 그러나 관리하기 어려워지므로 외대 가꾸기를 하는 것이 좋다.

키가 자람에 따라 지주에 기대 끈으로 묶고, 원가지는 관리하기 편할 때까지 자라게 하고 나서 순지르기를 한다. 일반적으로 열매를 5~6단 정도 달고 있는데, 꽃이 핀 곳에 열매가 송이처럼 열린다. 꽃이 많이 피어도 열매가 맺기 전에 저온이나 태풍을 만나면 자연히 열매 수가 줄게 되므로 꽃을 따서 수량을 조절할 필요는 없다. 김매기는 통풍을 좋게 하므로 꼼꼼하게 한다.

⑥ 토마토 호르몬제

5월에 꽃이 피면 열매가 잘 열리지 않는 1단, 2단 꽃에 호르몬제(토마토톤 또는 지베렐린)를 뿌리면 열매를 맺게 할 수 있다. 하우스재배 토마토에는 이걸 거의 다 쓰고 있는

데, 이 착과 촉진 호르몬제를 안 써도 되지만 1~2단에서는 열매가 충분히 달리지 않으므로 쓴다.

3) 거두기

줄기에서 완전히 익은 토마토의 맛과 향은 시장 유통과정에서 익힌 것과 비교할 수 없을 정도이다. 요즘 소비자는 완전히 익은 토마토를 좋아한다. 품종을 주의해서 선택해 텃밭에서는 잘 익은 것을 따도록 한다.

4) 병과 벌레 막기

토마토는 다른 채소보다 병이나 벌레가 적은 편이어서 관리하기가 그리 까다롭지 않다. 앞에서 설명한 가지처럼 무당벌레가 잘 생기므로 자주 둘러보고, 벌레 어미와 새끼를 손으로 잡는 것이 가장 확실하고 안전한 방법이다.

순지르기
일반적으로 5~6단에서 하나, 계속 기를 경우 줄기가 받침대의 키를 넘어설 때 순지르기를 한다.

거두기
나무에서 완전히 익은 다음 딴다. 껍질이 터진 것도 맛이 좋다.

[그림 67] 순지르기와 수확

그리고 생리적인 이유로 과실에 이상이 나타나는 것을 더러 볼 수 있다. 첫째 토마토의 배꼽(꽃자리)이 둥글고 검게 썩는 '배꼽썩음병'은 석회성분이 부족할 때 생기는 생리증상인데, 건전하고 튼튼한 포기에는 전염되지 않는다. 심기 전에 석회를 1평에 500g(30평당 15kg) 정도 뿌리거나 처음 이 증상을 보일 때 염화칼슘(겨울철이 눈이 왔을 때 길에 뿌려 녹이는 물질)을 0.3~0.4% 액(물 10ℓ에 30~40g, 소주잔으로 반 정도)으로 만들어 5~7일 간격으로 잎에 몇 번 뿌리면 예방할 수 있다.

또 거의 익은 과실 껍질이 터져 버리는 수도 있다. 이런 현상은 비 온 후 흙 속 수분을 갑자기 흡수했을 때 생기는데, 병은 아니니 식용해도 아무 탈이 없다. 이랑을 높여 물 빠짐이 잘되도록 하면 이런 현상이 줄어든다.

열매채소류

04

피망

파프리카, 단고추 / Green Pepper

시기 5월 상순에 심어 7~10월에 수확

재배난이도 조금 어렵다 **이어짓기** 보통

“ 피망은 파프리카라고도 하는데, 요즘은 우리말로 ‘단고추’라고 한다. 어릴 때는 초록색이나 익으면 붉은색·가지색·노란색 등으로 변하는데 매운맛은 전혀 없다. 서양고추라고도 하나 맛이나 이용하는 방법은 고추와 다르다. 그러나 재배방법이나 성질은 우리 고추와 비슷한 점이 많으므로 앞에서 설명한 고추를 참고해 가꾸면 된다. 피망을 단번에 많이 따면 김치로 담글 수도 없고, 소스로 만들 수도 없으므로 4인 기준으로 5포기 정도만 심는다. 5포기 면적으로는 폭 80cm, 길이 200cm 정도면 충분하다. 요즘은 피자를 많이 먹어 피망 재배면적도 많이 늘어났다. ”

1) 밭 준비

4월 상순에 석회를 뿌리고 흙을 일군다. 중순에는 다음 그림과 같이 구덩이를 파고 구덩이의 2/3 높이까지 완숙퇴비를 넣고 파낸 흙을 섞으면서 메운다.

2) 심기

5월 상순 따뜻한 날에 모종을 구입해 그날 심는다. 웃자라거나 약한 모종은 그 후 생육에도 영향을 주므로 잎과 잎 사이가 짧고 줄기가 굵은 것을 고른다.

고추와 같은 방법으로 심고 나서 물을 준 다음, 포기 주위에 퇴비를 1㎝ 두께로 깐다. 그림과 같이 지주를 세우고 다시 커다란 투명 비닐봉지로 덮는다. 이렇게 하면 풍해를 방지함과 동시에 성장이 늦은 피망 생육을 돕는다.

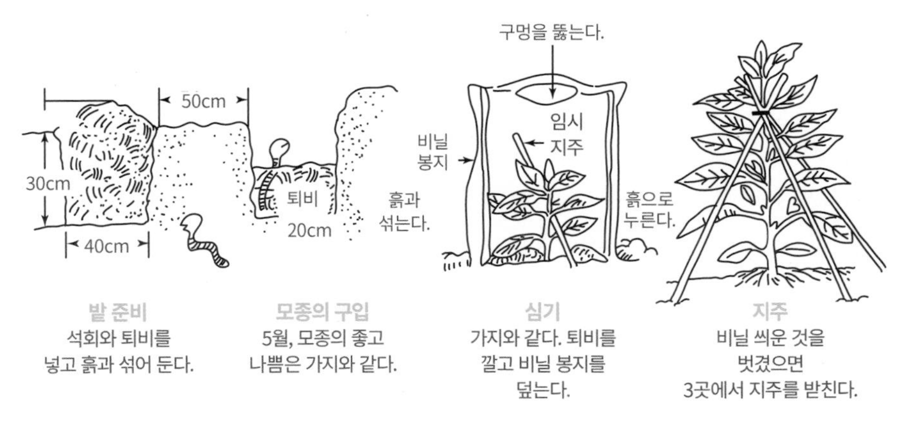

[그림 68] 피망고추의 초기 관리요령

3) 지주 세우기

피망 잎줄기가 자라서 비닐봉지에 가득 차면 제거하고, 지주를 3곳에 꽂아 포기를 받치도록 한다. 처음 맺은 열매(1번 과)는 빨리 따는 것이 나무에도, 열매가 자라는 데에도 도움이 된다. 피망 지주를 1포기당 3개씩 세우는 이유는 열매가 크고 무거우므로 가지가 휘어질 염려가 있기 때문이다. 지주 구하기가 어려울 때는 1개씩만 세워도 그리 큰 문제가 안 된다.

4) 웃거름 주기, 짚 깔기

웃거름 주기와 짚 깔기는 고추를 참고한다.

[그림 69] 웃거름 주는 요령

5) 거두기

아기 주먹만큼 크면 수확한다. 작든 크든 이용할 수가 있어 즐겁다. 9월 이후에 남은 열매는 붉거나 노랗게 익는데 샐러드 색깔 조화나 고기볶음 등에 사용한다.

6) 병과 벌레 막기

별다른 병이나 벌레는 없으나 고추에 준해 관리하면 된다.

열매채소류

05

오이

박과 / Cucumber

시기 5월 상순에 심어 7~10월에 수확
재배난이도 약간 어렵다. **이어짓기** 보통

> 오이는 가꾸기 그리 쉬운 채소가 아니다. 덩굴로 자라기 때문에 지주를 세워야 하고, 진딧물이나 노균병 등 병과 해충도 적지 않고, 거름도 상당히 많이 주어야 하고, 물도 많이 주어야 한다. 이런 요건이 충족되지 않으면 굽은 오이가 생긴다. 그러나 오이는 예로부터 우리나라 식탁과 가장 밀접한 채소라 해도 과언이 아니다. 텃밭에 10여 포기 심어 우리 집 반찬거리를 직접 가꾸어 먹는 재미는 무엇과도 바꿀 수 없는 귀한 경험이다.

1) 종류와 품종

오이를 가꾸어 보면 열매의 길이와 색깔, 침의 색깔, 그리고 줄기에 열매가 달리는 정도도 다르다. 우리나라 여러 종묘상에는 육성한 오이 품종이 많은데, 초봄에 가까운 종묘상으로 가서 다다기오이를 구하거나 카탈로그를 통해 품종 특성을 잘 알고 가꾸는 게 좋다.

· 열매 모양과 색깔이 짙은 초록색 계통을 청장계(靑長系)라고 하는데, 낮은 온도에서도 재배할 수 있어 하우스재배를 많이 하고 맛도 좋다.

또 아래 반쪽이 황백색인 반백계(半白系)가 있는데, 길이는 청장계보다 약간 짧고 굵기는 좀 더 굵은 편이며, 서울을 비롯해 중부지방 소비자가 예로부터 좋아하며, 가꾸기가 대체로 쉬운 편이다.

· 마디성이란 마디마다 열매가 달리는 성질을 말하는데, 유전성(遺傳性)과 환경, 특히 해 길이(일장, 日長)에 영향을 많이 받는다. 요즘 품종은 마디성이 높아 수확량이 많은데, 이 모든 성질을 잘 알아보고 선택해야 한다.

2) 가꾸기 알맞은 환경

① 온도

잘 자라는 온도는 24~26℃로 박과 채소(수박, 참외, 호박 등) 중 비교적 낮은 편으로 생육 한계온도는 8~10℃이다. 물론 햇빛이 잘 드는 곳에서 잘 자란다.

② 밭

뿌리가 얕게 뻗어 다른 작물보다 늙기 쉬우므로 기름지고 물기가 많은 밭이 좋다. 알맞은 밭 흙 산도는 pH 5.7~7.2로 산성에는 약하므로 석회비료를 적당히 뿌려야 한다.

③ 햇빛

오이는 잎이 큰 작물이라 잎이 겹치므로 서로 그늘을 지우는 비율이 높다. 촘촘하게 심지 말고 늙은 잎과 굽은 오이 등은 일찍 따는 것이 좋다. 오이의 마디성은 해 길이가 짧을 때 발휘가 잘 되는데, 여름철 하지(夏至)를 지나고 밤 길이보다 낮이 길어지면 마디성이 떨어진다.

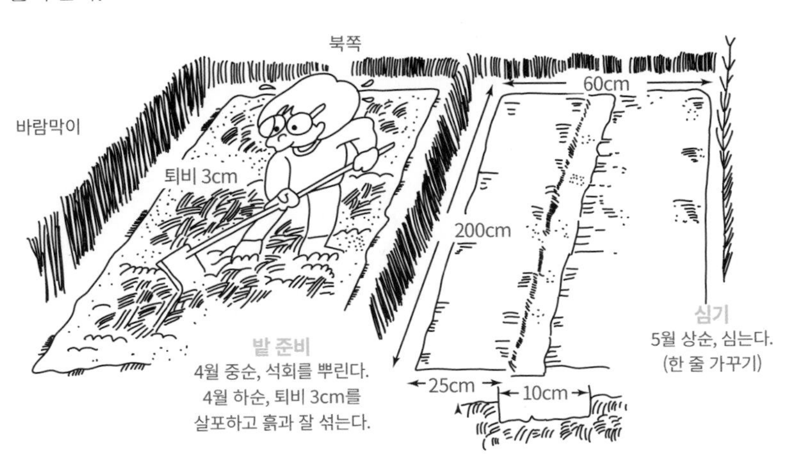

[그림 70] 밭 준비 요령

3) 가꾸기

① 밭 준비

오이는 될 수 있으면 이어짓기(連作)를 피하는 것이 좋다. 또 거름을 많이 주는 편이 좋은데, 심기 15일쯤 전에 30평당 퇴비를 150kg 정도, 석회비료 12kg 정도를 뿌리고 25cm 정도 깊이로 갈아엎는다. 다시 7일쯤 후에 복합비료를 6kg 정도 뿌려 흙과 잘 섞은 후 이랑을 10cm 정도 높이로 만든다.

② 모종 기르기와 밭에 심기

넓은 면적에 심을 때는 모종을 길러 심는 것이 좋으나 텃밭에 몇십 포기 정도 심을 때는 종묘상에 주문해 사서 심는 것이 좋다.

㉠ 씨뿌리기

씨앗을 바로 뿌려 가꿀 경우는 남부지방은 4월 중순경, 중부지방은 4월 하순경 밭에 바로 뿌린다. 한곳에 3~4알 정도 씩 40㎝ 간격으로 뿌리고 물을 충분히 준 후 1㎝가량 흙을 덮고, 비닐로 모자를 만들어 씌우면 땅 온도를 높인다. 그러나 씨앗을 밭에 바로 뿌려 가꾸면 자람이 늦어져 좋지 않으므로 모종을 사서 심기를 권한다.

[그림 71] 좋은 묘 모양

㉡ 모종 심기

보통 30~35일 정도 길러 본잎이 3~4장 정도 나오고 웃자라지 않아 마디 사이가 짧은 것을 고른다. 심을 때는 서리 피해가 없을 때, 즉 남부지방은 4월 25일 이후, 중부지방은 5월 10일경에 심는 것이 안전하다.

심는 간격은 한 줄로 심으면 좋으나 지주 세우기 등 관리가 곤란하므로 보통 2줄 심기를 한다. 100㎝ 넓이 이랑에 2줄로 포기 사이는 50㎝ 정도로 심고, 1.5m 길이의 지주를 포기 옆에 세우는데 위쪽은 그림과 같이 서로 맞닿도록 ㅅ식으로 한다. 지주를 세우고 오이나 호박재배용 그물을 사서 지주 위에 씌워주는 것이 좋다. 빨리 자라도록 하기 위해 비닐을 이랑 위에 씌워도 좋다. 투명 비닐은 땅 온도를 빨리 올려 줘 자라는 데는 좋으나 잡초가 잘 나므로 검은 비닐을 쓰는 게 일반적이다.

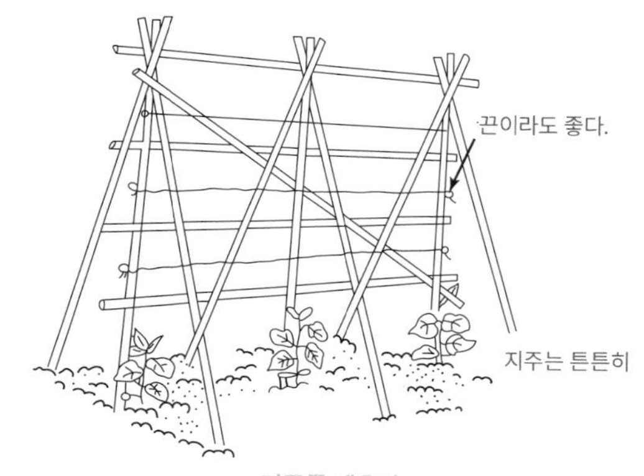

[그림 72] 오이 지주 세우기

③ 관리

㉠ 웃거름 주기

밑거름을 주고 심은 후 오이가 달리면 20일 간격으로 웃거름을 준다. 깻묵이나 계분 발효시킨 것이나 복합비료를 포기 사이에 조금씩 주고 흙과 잘 섞는다.

ⓛ 물 주기

오이 열매가 잘 자라기 위해서는 물을 넉넉히 주어야 한다. 뿌리가 얕게 뻗어 가뭄 피해를 보기 쉬우니 항상 관심을 가지고 보살펴야 한다. 비닐을 씌웠을 때는 줄기 아래에 준다.

ⓒ 짚 깔기

이랑에 비닐을 깔아주는 것이 일반적이나 여름철에는 땅 온도를 너무 높여 오이가 자라는 데 오히려 지장을 준다. 좀 번거롭더라도 7월 중순쯤 되면 비닐을 걷고 볏짚을 3㎝ 두께로 깔아주면 좋다. 볏짚이 없을 때는 신문지를 3~5겹 깔고 위에 흙덩이를 군데군데 놓아 바람에 날리지 않도록 한다. 이렇게 하면 흙 속에 사는 지렁이 같은 작은 동물이 활발하게 움직여 흙 속 수분 조절과 산소 유통을 좋게 한다.

[그림 73] 웃거름 주는 요령

4) 열매 맺기, 거두기

오이는 호박이나 수박, 참외와는 달리 꽃가루받이(수정, 受精)를 하지 않아도 열매가 잘 맺힌다(이를 단위결과라 한다). 보통 5월 초에 오이 모종을 심어 6월 중순경이 되면 오이를 딸 수 있다. 보통 꽃이 피고 7~10일쯤 지나 20㎝쯤 자라면 딴다. 처음 열리는 것은 일찍 따 오이 덩굴이 빨리 자라도록 한다. 약간 어릴 때 따면 맛도 좋고, 뒤에 열리는 것도 열매가 잘 맺혀 수확량이 많아진다.

순지르기
지주의 끝에 원가지가 닿으면 순을 질러 아들 덩쿨을 키운다.

[그림 74] 순지르기와 수확

오이는 보통 어미 덩굴에서 열매가 맺힌다. 덩굴 내리기로 가꿀 때는 계속 자라게 할 수 있으나 실제 한 이랑에 2줄을 심어 지주를 ㅅ식으로 하면 덩굴이 지주 끝에서 갈 곳이 없어져 반대편으로 넘어가므로 덩굴이 아주 복잡해진다. 그래서 어미 덩굴이 지주 끝에 닿으면 순을 질러 아래서 돋아나는 아들 덩굴에서 열매가 맺히도록 한다.

오이 잎도 오래되면 따 주어야 한다. 아래 잎이 누렇게 되면 1주일에 1~2번 정도, 한 번에 1~2장씩 따 준다. 그러면 바람이 잘 통해서 병해충 발생을 적게 하고, 양분 소모도 적게 하는 등 여러 장점이 있다.

5) 병과 벌레 막기

오이는 노균병(露菌病)이 가장 심하다. 포기 세력이 약할 때 발생하므로 퇴비를 많이 넣고 바람이 잘 통하도록 한다. 진딧물도 잘 꼬이므로 초기에 요구르트를 분무기에 넣어 뿌리면 어느 정도 억제할 수 있다.

열매채소류

06

참외

박과 / Oriental Melon

시기 4월 하순에서 5월 상순에 심기 7월 수확

재배난이도 좀 어렵다. **이어짓기** 2년쯤 심은 후 돌려짓기

“ 참외는 우리나라 서민층에 가장 인기 있는 여름용 열매채소이다. 서양이나 일본에서는 참외와 비슷한 멜론이 인기를 누리고 있어 참외는 거의 빛을 보지 못하고 있다. 요즘은 재배기술이 발달해 연중 생산이 가능해졌고, 단맛도 높아가고 있다. 덩굴손질이 좀 까다롭지만 원리만 알면 가꾸는 재미가 있다. ”

1) 종류와 품종

우리나라는 개구리참외가 오랜 역사를 자랑해 왔으나 요즘 금싸라기 계통의 참외와 비교하면 맛이 담담한 편이다. 일반적으로 은천 계통과 금싸라기 계통이 대표적이며 많이 재배하고 있다.

멜론도 참외와 생리 생태가 비슷하나 씹는 감촉, 맛, 향기가 참외보다 나아 귀하고 비싸다. 요즘은 노지 멜론도 개발되어 있어 참외 생리만 알면 가꾸기가 그리 어렵지 않다.

2) 가꾸기 알맞은 환경

① 온도

아프리카가 원산지로 햇볕을 많이 쪼여야 암꽃이 충실해지고 열매도 잘 맺어 단맛이 많아진다. 노지 재배는 장마철에 물을 많이 흡수하면 단맛이 떨어진다. 자라는 데 적당한 온도는 25~30℃이다.

② 밭 흙

뿌리는 얕게 뻗지만 넓게 퍼진다. 따라서 지나친 건조는 생육에 지장을 일으킨다. 대체로 흙에 대한 적응성은 좋으나 뿌리는 산소 요구량이 많기 때문에 물 빠짐이나 물을 간직하는 힘이 좋은 밭에서 잘 자란다. 흙 산도(pH)는 6.0~6.8이 가장 알맞다.

3) 가꾸기

① 밭 준비

텃밭에서 씨앗을 뿌려 가꾸면 늦으므로 4월 말(남부지방)부터 5월 10일경(중부지방)에 잎이 4~5매가 난 포트 모종을 사서 심는 것이 안전하다. 참외는 옮겨심기를 아주 싫어하므로 반드시 포트 모종을 심는다.

30평을 기준으로 심기 3~4주일 전에 잘 썩은 퇴비 100kg 정도와 석회비료를 12~15kg 정도 뿌리고 25cm 정도 깊이로 흙과 잘 섞는다. 다시 심기 1주일쯤 전에 밑거름으로 복합비료 5kg 정도를 고루 뿌리고 뒤집기를 해 흙을 부드럽게 한 다음 넓이 2m 정도, 높이 15cm 정도의 이랑을 만든다. 이랑은 높게 해야 물 빠짐과 공기 유통이 좋아져 맛있는 참외가 생산된다.

② 모종 기르기와 밭에 심기

여기서는 모종을 사서 심는 것을 전제로 설명한다.

㉠ 심기 알맞은 모종

본잎이 4~5매가 나고 웃자라지 않아 덩굴이 굵고 마디 사이가 짧은 것이 좋다. 포트 모종을 거꾸로 들고 포트 아래를 가볍게 밀면 빠져나오므로 그대로 심으면 된다.

㉡ 심는 방법

참외재배에서 가장 중요한 작업이 덩굴손질인데, 가장 쉬운 방법이 아들 덩굴을 2개 기르는 것이다. 이를 위하여 2m 넓이 이랑 한가운데 한 줄만 심고, 포기 간격은 35~40cm로 한다. 깊이는 포트에 심어진 그대로 하고, 심은 후 물을 충분히 주어 뿌리내리기를 빠르게 한다.

③ 덩굴손질

참외나 멜론은 손자 덩굴에서만 열매가 달리므로 참외 덩굴손질 원리를 알려면 덩굴에 대한 기초지식이 필요하다.

㉠ 덩굴 이름

ⓐ **어미 덩굴 :** 본디 덩굴로 떡잎이 나온 뒤 계속 자라는 덩굴이다. 참외 열매는 이 덩굴에서 달리지 않으므로 아들 덩굴을 빨리 나오게 하기 위하여 어미 덩굴 본잎이 4~5매 나오면 순을 지른다. 즉, 5잎을 남기고 그 위 줄기를 잘라버린다.

ⓑ **아들 덩굴 :** 어미 덩굴 4~5마디에서 순을 지르면 잎겨드랑이에서 다시 순(덩굴)이 4~5개 나오는데, 이 덩굴을 아들 덩굴이라 한다.

아들 덩굴도 다 키우는 게 아니라 2~3개만 남긴다. 즉, 아들 덩굴 4~5개 중 가장 아래에 있는 덩굴(첫째 잎에서 나온 것)과 가장 위에 있는 덩굴은 일찍 따 버리고 2~4마디에서 나온 것 가운데 길이나 굵기가 비슷한 덩굴 2개만 기른다. 덩굴이 뻗어 가는 방향은 어미 덩굴을 기준으로 좌우로 한다.

ⓒ **손자 덩굴 :** 아들 덩굴 잎겨드랑이에서 나온 덩굴을 손자 덩굴이라 하는데, 참외나 멜론은 이 손자 덩굴 첫 마디에서 틀림없이 열매가 달린다. 그래서 참외는 손자 덩굴이 빨리 나와야 열매를 빨리 볼 수 있다.

ⓛ 덩굴손질 방법

어미 덩굴 잎이 4~5매일 때 순을 질러 아들 덩굴을 4~5개가 나오면, 그중에서 2개만 키운다는 것은 앞에서 설명하였다.

그럼 아들 덩굴을 어떻게 관리해야 손자 덩굴을 제대로 키우고 참외가 잘 달리도록 하는가를 그림을 보고 참조하면서 이해하기 바란다.

ⓐ 이 그림에서 떡잎 위 굵은 줄기가 어미 덩굴로 4잎에서 순을 질렀다.

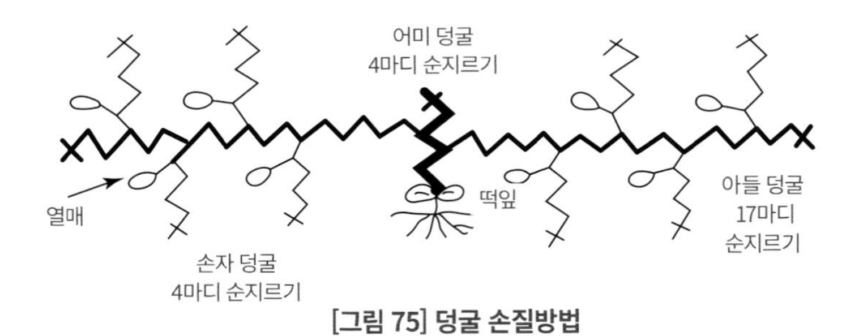

[그림 75] 덩굴 손질방법

ⓑ 아들 덩굴은 옆으로 뻗은 약간 굵은 선으로 17잎(마디)에서 순을 지르고, 각 6, 9, 12, 15마디에서 나온 손자 덩굴 첫 마디에서 열매가 맺은 모습을 간단히 표시하였다.

ⓒ 아들 덩굴은 이랑 바깥쪽으로 바로 뻗어 나가도록 두었다가 통로까지 가면 바로 순을 지른다. 2m 넓이 이랑이라면 대체로 앞 그림과 비슷해진다.

ⓓ 참외처럼 덩굴이 잘 나오는 채소는 없다. 아들 덩굴 각 잎겨드랑이에서 틀림없이 손자 덩굴이 나온다. 그대로 두면 너무 복잡해서 안 되므로 아들 덩굴 1, 2, 3, 4,

5번째 마디에서 나오는 손자 덩굴은 아예 마디에서 나오자마자 따야 한다.

ⓔ 7, 8, 10, 11, 13, 14, 16번째 마디의 손자 덩굴도 마찬가지다. 마디에서 나오는 덩굴을 따면 그다음은 잘 나오지 않는다.

ⓕ 6, 9, 12, 15번째 마디에서 나온 손자 덩굴은 반드시 첫 번째 마디에서 참외가 달린다. 이것을 꽃가루받이(수분, 受粉)했다면 한 포기에서 참외를 8개씩 딸 수 있으나, 관리하기에 따라 6개 정도는 거둘 수 있다.

ⓖ 그리고 이 손자 마디도 그대로 두는 것이 아니라 4번째 마디 위에서 순을 지르고, 또 그곳에서 달리는 참외도 따버리는 것이 좋다.

ⓗ 이렇게 순을 지르고 참외를 8개 정도 달아 두고, 그 뒤에 나오는 순도 자라는 대로 둔다. 다만 통로로 뻗어 내려오는 덩굴은 복잡하지 않도록 잘라준다.

④ 포기 세력(초세, 草勢)과 열매 달기(착과, 着果)

손자 덩굴을 아들 덩굴 6번째 마디에서 내어 첫 열매가 달리게 하는 이유는 너무 일찍(아들 첫째 마디) 열매를 맺게 하면 그것을 자라게 하는, 즉 양분을 공급하는 잎이 적기 때문이다. 열매 1개당 잎이 최소한으로 8~10개가 필요하다. 앞 그림에서 보면 열매가 8개이므로 잎이 64~80개는 있어야 한다. 이 포기 그림에서는 66개의 잎이 있어 최소한의 잎은 확보한 셈이다. 그리고 덩굴 위쪽에서는 다시 손자 덩굴이 나오므로 잎은 더 늘어나기 마련이고, 앞 그림과 같이 덩굴을 손질하면 별문제가 없다. 또 손자 덩굴을 아들 덩굴의 6, 9, 12, 15마디에서 내는 것은 열매가 좀 늦게 달리더라도 포기 세력을 좋게 하기 위해서이다. 물론 6, 7, 8, 9마디에서 참외가 달려도 된다. 그러나 제대로 된 것을 따기 위하여 2마디씩 건너뛰게 한 것이다. 사람으로 비유하자면 연년생보다 2~3살 터울을 두는 것과 같다.

⑤ 꽃가루받이와 착과제(着果劑)

텃밭에서 참외를 가꿀 때 날씨가 따뜻하면 벌과 나비가 꽃가루받이를 시켜 문제가 적다. 그러나 비닐하우스 같은 시설이나 넓은 면적에 가꿀 때는 착과제로 처리하는 게 일반적이다.

참외 암꽃은 오전 4~5시경부터 피는데, 꽃가루 능력이 좋은 시간은 오전 7시부터 10시경(온도 20℃ 전후)이다. 그래서 손으로 꽃가루받이를 인위적으로 하려면, 이 시간에 부드러운 붓으로 수꽃 수술을 문질러 꽃가루를 많이 묻힌 다음 암꽃 암술머리에 수꽃가루(화분, 花粉)를 문질러 전달한다.

⑥ 물 관리

물을 주는 양은 밭 흙 성질이나 지하수위(地下水位)에 따라 다르지만, 참외가 물을 가장 필요로 하는 시기는 열매가 커지는 시기(과실비대기, 果實肥大期)이다. 이때 물이 부족하면 열매가 작아지거나 기형이 되기 쉽다. 될 수 있으면 이때 물을 주도록 하고 열매가 거의 다 자라면 물을 줄인다.

보통 노지에서 가꿀 때는 열매가 달린 후 20일까지는 며칠에 한 번씩 물을 주어 열매를 키워야 하지만, 그 뒤부터 물을 주지 않으면 단맛을 높여 품질이 좋다. 또 이때가 되면 물이 잘 빠지도록 통로와 도랑을 잘 손질해야 한다.

⑦ 거름주기

참외는 질소 성분이 많으면 포기 세력이 너무 강해 덩굴만 무성해져서 익는 시기가 늦어지고 단맛도 적어질 뿐만 아니라 발효과(醱酵果, 참외 속이 너무 익어 먹을 수 없음)가 많아지는 등 문제가 있으므로 주의해야 한다.

밑거름을 준 후 웃거름은 잘 발효시킨 쌀겨나 깻묵을 심은 지 20일쯤 지나 1포기에 1줌 정도 주위에 뿌리고, 흙을 3~5㎝ 정도 깊이로 뒤집어 주는 것이 좋다. 열매가 단맛을 내는 데는 가리질 비료가 효과가 크므로 열매가 달린 후 황산가리(유산가리)를 1포기에 1숟갈 정도 뿌리고 흙을 가볍게 뒤집어 섞는다.

4) 생리 장해와 병·벌레 막기

① 생리 장해

㉠ 발효과

다 익은 참외 살이 물러지거나 알코올 냄새가 나고, 심하면 악취가 나고, 열매 속에 물이 고이는 현상 등이 나타나는 발효과가 상당히 큰 문제이다. 이런 현상은 여러 이유로 나타나는데 질소질 거름을 적당히 주고 수분을 알맞게 유지해야 한다. 특히 밑거름으로 석회를 반드시 주고 열매가 달리면 염화칼슘 0.3~0.4% 용액을 잎에 살포한다.

㉡ **열과(裂果)**

열매가 다 자란 후 비가 와서 수분을 갑자기 많이 흡수해 열매가 터지는 현상으로 밭에 물이 잘 빠지도록 도랑 손질을 잘하고, 심기 전에 반드시 비닐 멀칭을 해 주는 게 좋다.

② **병·벌레 막기**

덩굴마름병(만고병), 덩굴쪼김병(만할병), 돌림병(역병) 같은 병과 진딧물, 작은 각시 들명나방 같은 벌레가 있으나 건전한 생육을 위해 비료 주기, 수분 관리 등에 주의한다.

5) 거두기

잘 익은 참외는 고유한 노란 색깔이 나고 향기와 단맛이 많은데, 덜 익은 열매는 후숙(後熟)을 시켜도 이와 같은 향과 맛이 없다. 따라서 완전히 익은 후 따야 한다.

보통 노지에서 가꿀 때는 꽃이 피고 28~30일 정도가 된다. 거두는 시간은 더울 때 따면 열매 속 온도가 올라가서 안 좋으므로 오전이나 저녁때 따서 그늘에 보관해 품온(品溫, 열매 또는 잎줄기 농작물의 자체 온도)을 식히는 것이 바람직하다.

열매채소류

07

호박

박과 / Zucchini

시기 4월 하순에서 5월 상순에 심기 6~10월에 수확

재배난이도 쉽다 **이어짓기** 강함

“ 호박은 가꾸기 쉬워 봄에 심어 두면 가을 서리 내릴 때까지 계속 딸 수 있어 식탁을 풍성하게 하는 친근한 채소이다. 애호박은 채소로, 노랗게 익은 것은 호박고지로 말리기도 하고, 전통적으로 여성에게, 특히 산후조리와 부기를 빼는 데도 좋아 약용으로 인기가 높다. 또 옛것을 되살리자는 의식도 일어나 호박잎과 순 소비도 꾸준히 늘고 있다. 잘 익은 호박은 비타민 A가 많이 들어 있고, 전분도 많고, 영양가도 높다. ”

1) 종류와 품종

호박 종류는 학술적으로 3가지로 나누고 있으나, 우리가 보통 가꾸고 주위에서 볼 수 있는 것은 다음과 같다.

가장 흔한 길쭉하고 매끈하며 푸른색 나는 애호박, 맷돌처럼 둥글납작하고 꼭지에서 꽃자리(배꼽)까지 10~12개의 얕은 홈이 있으며 크고 노랗게 익는 호박, 중간 크기이면서 겉면이 검푸르고 거친 쪄서 먹는 밤호박, 겉면이 주황색이고 중소형 크기인 약용호박(보통 이렇게 부르나 확실한 약효는 모름), 또 호박 살이 국숫발처럼 줄줄이 갈라지는 국수호박, 무게가 수십 킬로그램이나 나가고 살이 두터운 사료용 호박 등에 이르기까지 그 종류가 다양하다. 그리고 아기 주먹만 한 관상용 꽃호박이 있는데, 이것은 먹지 않는다.

보통 호박은 대부분 덩굴성이나 마디가 다닥다닥 붙어 덩굴이 없는 것처럼 보이는 쥬키니 호박은 애호박이다. 낮은 온도에도 어느 정도 잘 자라 겨울철과 초봄에 일찍 나오는 애호박은 거의 이 쥬키니 호박인데, 맛은 덩굴성에 비해 떨어진다.

2) 가꾸기 알맞은 환경

① 온도

덩굴성 호박이 싹트는 데는 25~28℃ 정도가 적당하며 자라는 데는 20~25℃ 정도이나, 쥬키니 호박은 자라는 온도가 17~20℃가 좋다. 물론 햇빛이 잘 드는 곳이라야 잘 자란다.

② 밭 흙

뿌리가 얕고 넓게 뻗고, 토질을 별로 가리지 않고, 건조한 밭이나 이어짓기에도 강하고,

비료를 빨아들이는 힘도 강해 가꾸기 쉽다. 습기가 많은 진흙땅에서는 잘 자라지 못하므로 물 빠짐이 좋은 곳이어야 한다. 밭 흙 산도는 5.6~6.8이 좋으므로 석회비료를 주어야 한다.

3) 가꾸기

① 밭 준비

호박은 거름을 많이 주는 편이 좋은데 심기 15일 전쯤에 30평당 퇴비를 150㎏ 정도, 석회비료도 12㎏ 정도 주고 깊이 갈아 뒤집어 준다. 심기 5~7일 전에는 복합비료를 6㎏ 정도 뿌려 흙과 잘 섞은 뒤 이랑을 만든다.

예전 농촌에서는 밭둑 같은 곳에 맷돌호박을 심을 때 구덩이를 깊이와 직경 50㎝ 정도로 파고, 퇴비와 흙을 반반씩 섞어 잘 밟아 넣고, 그 위에 심었는데 좀 번거롭기는 하지만 아주 좋은 방법이다.

[그림 76] 호박심기

② 모종 길러 밭에 심기

텃밭에 호박을 심을 때는 모종을 사서 심는 것이 좋다. 재배하는 사람이 모종까지 기르기는 무척 번거롭다.

㉠ 모종 심기

보통 30~35일 정도 길러 본잎이 3~4매 나온 것이 좋은데, 웃자라지지 않고 잎 사이가 짧은 모종이 좋다. 모종은 서리 피해가 없는 시기인 남부지방은 4월 25일 이후, 중부지방은 5월 10일경에 심는 것이 안전하다.

㉡ 심는 방법

호박은 덩굴성인 것과 덩굴이 뻗지 않는 쥬키니 계통이 있다. 쥬키니 호박은 이랑 넓이 1.2m 정도에 0.6m 간격으로 심어 가꾸면 좋다. 덩굴성은 지주를 세워 덩굴을 입체적으로 올리며 가꾸는 법과 땅에 덩굴이 그대로 뻗도록 가꾸는 방법이 있는데, 좁은 땅에서는 앞의 방법이 좋다.

지주 가꾸기는 보통 마디성이 높은 애호박 품종이 해당하는데, 1.2m 이랑에 포기 사이를 0.6m로 해서 2줄로 심고, 포기마다 1.5m 정도 되는 지주를 ㅅ형으로 세우거나 3포기 간격으로 튼튼한 지주를 세우고, 종묘상에서 파는 채소재배용 그물을 치면 덩굴손을 감으며 올라간다. 그물 1뭉치를 사면 100포기 정도는 사용할 수 있으므로 경제적이고 손쉽다. 또 이 그물은 오이, 완두, 덩굴강낭콩 등에도 쓸 수 있다.

땅바닥에 덩굴이 뻗어 가게 가꿀 때는 줄 사이를 1.5m 정도, 포기 사이도 1.2~1.5m 정도로 해 한 포기씩 심는다. 심은 후에는 물을 충분히 주어 빨리 뿌리가 내리게 해준다. 빨리 열매를 맺게 하려면 비닐 터널을 씌워주면 좋은데, 이렇게 심는다면 시기도 약 10일 앞당길 수 있다. 비닐과 비닐을 받치는 대(굵은 철사나 댓개비)를 구입해 중앙 높이가 45㎝, 폭이 1.2m 정도 되는 아치형을 만들면 된다.

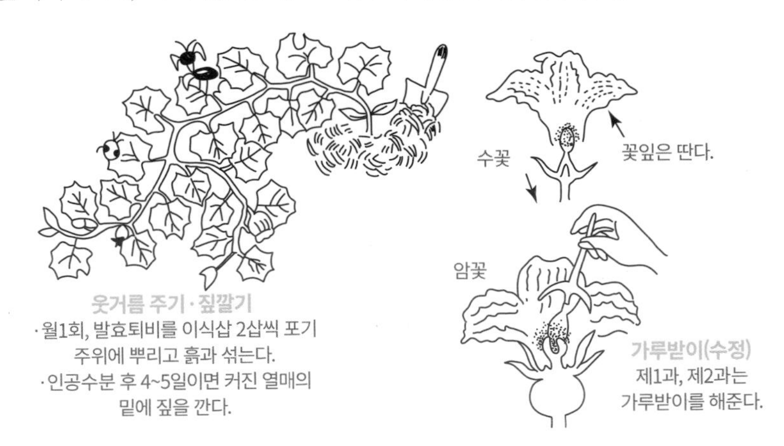

[그림 77] 웃거름 주기와 꽃가루받이

③ 관리

㉠ 웃거름 주기

밑거름만 충분히 주어도 잘 자라고, 열매를 많이 따려면 웃거름도 적당량 주면 좋다. 심고 나서 덩굴이 자라고 첫 암꽃이 필 때쯤 포기에서 반지름 50㎝쯤 거리에 호미로 홈을 5㎝ 정도 깊이로 빙 돌려 파고, 그곳에 복합비료를 한 포기당 40~50g 정도 뿌리고 흙을 덮어 물을 주면 된다. 두 번째 웃거름은 그로부터 30일쯤 지나 첫 번째보다 조금 더 주되, 이번에는 구덩이를 더 멀리 파면 좋다.

㉡ 터널 벗기기 및 지주 세우기

심은 즉시 씌운 터널은 덩굴이 비닐 바깥쪽까지 자라면 벗기는 것이 좋다.

애호박을 지주 세우기로 심는다면, 심은 후 20여 일쯤 지나 덩굴이 30~40㎝ 자라면 지주를 세운다. 그리고 부드러운 노끈으로 호박덩굴을 지주에 여유 있게 묶고, 덩굴손이 자라면 더 묶을 필요는 없다.

㉢ 꽃가루받이

오이는 일부러 꽃가루받이를 하지 않아도 열매가 잘 맺히나 호박은 가루받이를 하지 않으면 열매가 잘 맺히지 않는다. 봄에는 벌과 나비가 잘 날아오지 않기 때문에 암꽃이 핀 날 아침 8시 이전에 가루받이를 해야 한다. 가루받이는 자연 꽃가루받이와 식물호르몬제로 처리하는 두 가지 방법이 있다.

자연 꽃가루받이는 먼저 수꽃술을 따서 암꽃술 머리 부분에 수술을 문질러 꽃가루가 충분히 묻도록 하면 되고, 식물호르몬제는 종묘상에서 토마토톤을 사서 이용하면 쉽다. 5월에 물 100cc에 토마토톤 4cc(25배)를 넣어 만든 액을 붓으로 암술머리에 묻히거나 작은 분무기로 뿌리면 된다.

날씨가 따뜻해지면 토마토톤 섞는 양을 줄여 엷게 해야 한다. 3cc이면 33배, 2cc이면 50배, 1.5cc이면 67배가 되는데, 여름 장마철에는 벌과 나비가 못 오므로 50배액 정도로 해야 장해가 없음을 명심해야 한다. 열매가 맺히면 그 아래 흙과 닿지 않도록 볏짚이나 풀을 깔아주고, 구하기 어려우면 종이를 찢어 깔아도 된다. 이때 물이 고이지 않도록 주의해야 한다.

㉣ 덩굴손질

호박은 덩굴이 길게 뻗는다. 보통 밭둑 같은 곳에서는 덩굴손질을 하지 않아도 되나 좁은 텃밭에 심을 때는 그 긴 덩굴과 넓은 잎이 옆 채소가 자라는 데 방해가 되므로 바로잡아야 한다.

㉤ 병해충 막기

호박은 생육이 강하므로 문제되는 병해충은 거의 없는 편이나 촘촘하게 심거나 덩굴이 무성할 때 잎에 밀가루를 뿌린 것같이 흰가룻병이 생기기도 한다. 그러나 그대로 두어도 큰 문제는 없다.

4) 거두기

애호박은 꽃 핀 후 7~10일경에 따는데, 제때 따야 다음 것이 잘 자란다. 맷돌호박은 주로 노랗게 익은 후에 따는데, 50~60일이 걸린다. 그대로 두었다가 잎이 다 마른 후 따도 된다.

단호박은 껍질 색깔이 짙어지고, 겉은 딱딱하며 거칠고, 밑쪽은 약간 갈색으로 변하고, 금이 가고 울퉁불퉁할 때가 적기이다. 국수호박은 완전히 익기 전에 따 2~3토막을 내 펄펄 끓는 물에 10분 정도 삶은 후 가볍게 문지르면 국숫발이 된다. 국숫발은 아삭아삭하나 별맛이 없고 양념 맛에 좌우된다.

열매채소류

08

딸기

장미과 / Strawberry

시기 9월 중순~10월 상순에 심기 이듬해 5~6월에 수확

재배난이도 보통 **이어짓기** 보통

“딸기는 장미와 상관없을 것 같지만 채소 가운데 유일한 장미과에 속하며 구미 각국에서도 과수로 취급하고 있다. 여러해살이풀로 해마다 어미 포기를 바꾸어 심는데, 어미 포기에서 어린 새끼가 나와서 포기를 만든다. 5월에 열리는 새빨간 열매가 거의 환상적인데, 지금은 전국적으로 시설재배가 확대되어 겨울철에도 맛볼 수 있다. 비타민과 무기물이 많은 영양채소이며 텃밭에 몇십 포기를 심어 두면 가꾸기도 그리 까다롭지 않아 가족 모두 즐거움을 만끽할 수 있다.”

1) 종류와 품종

비슷한 품종으로 우리나라 들판에서 야생하는 뱀딸기란 것이 이 식용 딸기의 원종이 아닌가 하고 생각한다. 나무 형태로 자라는 나무딸기(복분자, 覆盆子)도 우리나라 산야에 자생하고 있으나 가시가 있고 씨앗이 씹힌다.

밭에 심는 딸기 품종 대부분은 외국에서 도입한 것으로 '보교조생'을 오래전부터 심어 왔으나 근래 수홍(秀紅), 여홍, 여봉 등을 육성해 보급하고 있다.

2) 가꾸기 알맞은 환경

① 온도 조건

딸기는 서늘한 날씨를 좋아해서 자라는 적온이 20℃ 전후이나 낮은 온도에도 강하여 −2~−3℃에서도 잘 견딘다. 날씨가 더울 때는 약해 모종을 기를 때는 해가림을 해주고, 바람이 잘 통하고 물기가 있는 밭이어야 한다.

② 밭 조건

뿌리는 습기에 견디는 힘이 강해 다른 작물보다 밭을 덜 가리지만, 물을 함유하면서도 물 빠짐이 좋은 기름진 참흙이나 질참흙에서 잘 자란다. 모래땅에서도 잘 자라고 수확량도 많지만 땅이 쉽게 마르기 때문에 수확 기간이 짧다. 산성에도 강해 pH 5.5 정도까지는 정상적으로 자란다.

3) 가꾸기

텃밭에서는 9월 중·하순에 어린 포기를 심어 다음 해 5월 상·중순부터 6월 상·중순에 거두는데, 재배요령은 다음과 같다.

① 밭 준비

햇빛이 잘 들고 바람도 잘 통하는 곳이면 좋다. 심기 한 달 전에 30평당 석회 9kg 정도와 잘 발효된 퇴비를 100kg 정도 뿌리고 25㎝ 깊이로 갈아엎는다. 심기 1주일 전에는 이랑 넓이를 80㎝로 만들고 비닐로 멀칭해 둔다.

② 모종 준비

㉠ 모종 키우기

딸기는 반드시 모종을 심어야 한다. 6월에 딸기를 다 따고 여름철 날씨가 덥고 해가 길어질 때 모종이 생긴다. 이것을 8월에 1.2m 이랑에 15㎝ 사방으로 심고 가꾸어 뿌리가 충실해진 것을 밭에 심는다(상세한 설명은 '6. 여름철 관리' 참고).

㉡ 모종 구하기

텃밭에서 몇십 포기 심어 가꾸고 싶을 때는 모종 기르기가 그리 쉽지 않으니 가까운 농업기술센터나 종묘상에 부탁해 필요한 양을 확보해 두는 것이 좋다. 부근에 재배 농가가 있다면 그곳에 부탁하면 더 간단하다.

③ 모종 심기

㉠ 심기 알맞은 때

딸기 모종을 심는 적기는 남부지방은 9월 중순~10월 상순, 중부지방은 9월 상순~9월 중순경이다. 늦게 심으면 충분히 자라지 못하므로 제대로 수확할 수 없다.

㉡ 심는 방법

미리 만들어 둔 80㎝ 넓이 이랑에 양쪽으로 한 줄씩 2줄로 심는다. 비닐 멀칭한 자리에 줄 사이는 40㎝, 포기 사이는 30㎝로 지름 10㎝ 구멍을 판다.

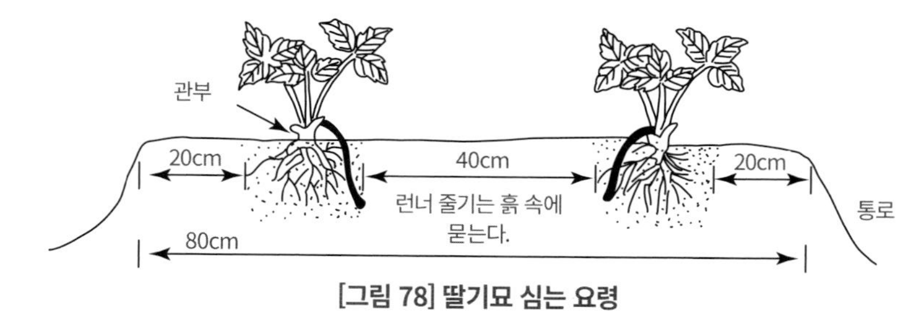

[그림 78] 딸기묘 심는 요령

모종에서 누렇게 마른 잎은 관부(冠部, 뿌리와 잎줄기가 붙은 부분)에서 젖혀 따고 너무 긴 뿌리는 잎을 펼친 넓이만큼 자른다.

모판에서 모종을 뽑을 때는 전날 물을 충분히 주어 흙을 부드럽게 한 후 호미로 뽑아 뿌리에 붙은 흙을 대략 털고, 뿌리는 잘 펴서 심고 물을 충분히 준다(1포기당 500cc). 모종을 심는 깊이는 모판에 심었던 그대로가 좋은데, 관부가 흙 속에 묻히면 아주 나쁘다. 얕은 듯이 심어야 제대로 자라므로 꼭 주의해야 한다.

④ 심은 후 관리

㉠ 거름주기

심을 때나 심고 난 후 2~3일 안에 깻묵이나 쌀겨 등을 완전히 발효시켜 밤톨만 하게 만든 덩어리 비료를 포기 옆 5~10㎝쯤에 좌우로 1개씩 놓거나 가루로 된 것을 한 숟갈씩 준다.

㉡ 겨울 넘기기와 볏짚 덮기

딸기 모종이 뿌리를 내리고 11월 중·하순경이면 이랑 위에 볏짚을 5㎝ 정도 두텁게 덮어준다. 겨울 추위에 잎이나 생장점이 피해를 보지 않도록 하고 수분도 유지하기 위함이다. 이 볏짚은 이듬해 3월 상순경에 걷어야 한다.

4) 병과 벌레 막기

계속 이어짓기한 밭이 아니면 문제되는 병이나 벌레는 없다. 봄에 볏짚을 걷은 뒤 마른 잎이나 병든 것처럼 보이는 잎은 잎자루째로 완전히 젖혀 따서 불에 태워 버린다. 딸기가 익을 때 잿빛곰팡이병이 생기는 경우도 있으나 뒤(6—③)에 설명한 것처럼 꽃송이가 이랑 바깥으로 나오게 해 햇빛을 많이 받도록 하고, 바람이 잘 통하게 하면 문제되지 않는다.

5) 거두기

5월 상·중순부터 딸기가 익는 대로 따기 시작하면 6월 상·중순경에 거의 끝난다. 낮에는 물기가 없으므로 아침나절에 따면 싱싱하고 좋다. 보통 한 포기에서 좋은 것으로 10~15개는 딸 수 있다.

6) 여름철 관리

① 모종 기르는 법

㉠ 모종이 자라는 형태

딸기 모종은 보통 어미 포기에서 런너(runner, 새끼 모종)가 나오고, 그 마디 끝에서 모종이 생겨 뿌리가 내리면, 다시 그곳에서 런너가 나온다. 보통 1개 런너에 모종 4~5 포기가 자란다. 어미 포기에서 보통 4~5개의 런너가 나오므로 이론상으로 어미 포기에서 채취할 수 있는 모종은 20여 개가 된다.

㉡ 어미 포기 주변 정리

딸기를 다 딴 후 병이나 벌레 피해 없이 제대로 자란 포기를 골라 남긴다. 너무 많이 남기면 런너가 복잡해져서 모종이 나빠지므로 한 이랑에 한 줄씩만 남긴다. 그리고 심을 때 씌워 두었던 비닐은 깨끗이 벗기고, 모종이 뿌리를 잘 내리도록 이랑에 있는 풀을 매고, 흙을 부드럽게 한다. 주변은 물론 이랑 전면에 거름을 주어 어미와 모종이 잘 자라도록 한다.

② 모종을 선택하는 요령

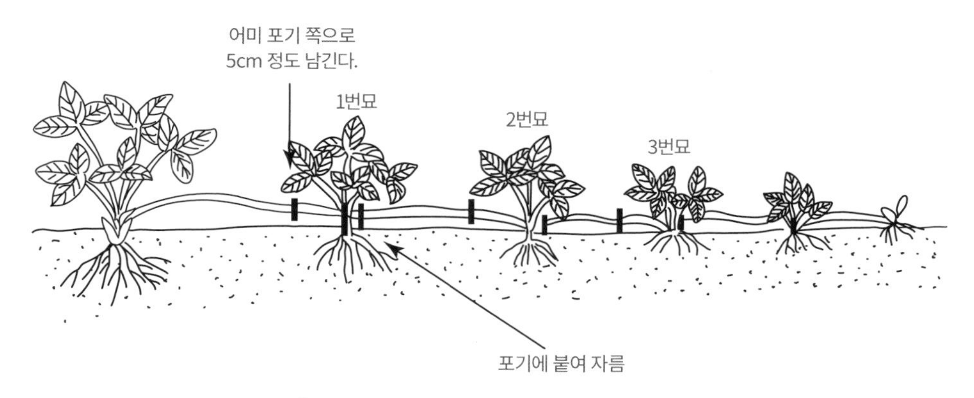

[그림 79] 딸기 어린묘 떼어내는 방식

런너 한 개에서 4~5개의 모종이 나오는데, 어미 포기 바로 옆에 있는 첫 번째 모종은 좀 커서 문제가 있다. 그리고 가장 마지막 모종은 너무 작아서 곤란하므로 보통 본잎이 4~5개인 2~4번 모종을 쓴다. 그러나 4번 모종은 잎 숫자뿐만 아니라 봄이 되어도 꽃눈이 충분히 생기지 않을 수 있다. 그러므로 텃밭에서는 오히려 조금 크더라도 꽃눈이 확실히 생기는 1번 모종을 심는 것이 좋아 1~3번 모종을 심을 것을 권한다.

③ 모종 떼는 요령

어미 포기에서 나온 런너에서 모종을 떼어 낼 때 그림과 같이 어미 쪽 줄기(포복경)를 5㎝ 정도 남기고, 반대쪽은 0.5㎝ 정도로 짧게 자른다. 그 이유는 포기를 밭에 심을 때 방향을 정하기 위함이고, 심고 나서 포기를 지탱하는 막대기 역할도 하기 때문이다.

딸기 꽃송이는 항상 어미 포기 반대쪽에서 나온다. 그래서 밭에 옮겨심기할 때 줄기를 길게 남긴 쪽을 이랑 안쪽으로 향하게 하면 딸기 열매는 모두 통로 쪽에만 열린다. 그러면 햇빛도 잘 받고 바람도 잘 통해 맛있고 색깔이 예쁜 딸기가 열릴 뿐만 아니라 병에도 강하고 수확하기도 편하다. 모종을 뗄 때와 이랑에 심을 때는 반드시 이 점을 명심하고 작업해야 한다(그림 79 참조).

④ 모종 심어 가꾸기

모종은 8월 중순경에 심어야 하므로 습기가 충분하고 바람이 잘 통하는 곳이 좋다. 1.2m 이랑에 7줄 정도로 사방 15㎝ 간격으로 심고, 심은 날 햇빛을 50% 정도 가리는 1.5m 높이의 차광막을 씌우고 물을 충분히 준다. 차광막은 뿌리가 완전히 내리고 자라기 시작해 새잎이 1~2매 나오면 걷는다.

흙이 너무 마르지 않도록 1주일에 2~3번 정도 물을 주고 잡초도 뽑아 준다. 누렇게 마른 잎이 생기면 잎자루째 젖혀 따 버린다. 이렇게 가꾼 모종은 지역에 따라 9월 중순~10월 상순에 밭에 심는다.

열매채소류

09

옥수수

볏과 / Corn

시기 4~5월에 파종해 7~8월에 수확

재배난이도 쉬움 **이어짓기** 가능

"옥수수만큼 고향의 정취를 물씬 풍기게 하는 작물도 그리 많지 않을 것이다. 큰 키와 시원한 잎, 길고 노란 옥수수자루를 하모니카 불듯이 입으로 한 알 한 알 뽑아 먹는 재미를 어디에 비할까. 세계 3대 식량으로 가축 사료로써도 가장 중요하며, 또 텃밭에 심으면 보기에도 멋진 이 옥수수는 가꾸기도 쉽고 생산량도 많은 작물이다."

1) 종류

옥수수 가운데 곡물용이나 사료용은 우리가 먹기에 알맞지 않다. 우리나라는 옛날부터 강원도 평창 지역에서 나는 찰옥수수가 유명한데, 근래는 단옥수수, 팝콘용 옥수수 등 새로운 품종을 많이 개발해 보급하고 있다. 마음에 드는 품종을 골라 심으면 된다.

2) 가꾸기 알맞은 환경

옥수수는 높은 온도와 뜨거운 햇살을 좋아하는 대표적인 식물이고, 비료를 빨아들이는 힘(흡비력, 吸肥力) 또한 매우 강해 거름기가 많은 밭에 가꾸는 것이 좋다. 키가 2m 정도로 자라 바람에 쓰러질 염려가 있으므로 항상 주의해야 한다.

3) 가꾸기

① 밭 준비

초봄에 땅이 녹으면 바로 퇴비를 30평당 200㎏ 이상 넉넉히 뿌리고, 석회비료도 15㎏ 정도 뿌린 후 깊이 갈아엎는다. 씨뿌리기 7일 전에 복합비료도 6㎏ 정도 고루 뿌리고 흙과 섞어 이랑을 만든다. 그리고 투명 비닐을 덮어 흙 온도를 올리는데, 이 비닐은 마지막으로 솎음질할 때 벗긴다. 비닐을 씌워 두면 퇴비를 줄 수도, 북주기를 할 수도 없다.

② 씨뿌리기

옥수수는 모종을 길러 옮겨심기할 수도 있으나 대부분 씨앗을 밭에 바로 뿌린다(직파, 直播). 줄 사이는 60㎝, 포기 사이는 40㎝로 심는 게 좋다. 씨앗은 한곳에 3~4알 정도를 삼각형 모양으로 5㎝ 간격으로 뿌리고, 흙을 2~3㎝ 정도 덮는다.

씨앗을 뿌리는 시기는 4월경이 좋으나 남은 밭이 있다면 2주일 간격으로 몇 번 뿌려 순

차적으로 열매를 수확해도 된다.

요즘은 전국 어디서나 까치, 비둘기, 꿩 등 야생 조류가 극성을 부려 옥수수나 콩을 심어 두면 파먹기 때문에 모판에 키워 잎이 3~4개 나올 때 옮겨심기하는 것도 좋다. 모판에는 씨앗을 뿌리고 눈이 3㎝쯤 되는 그물을 반드시 씌워야 한다.

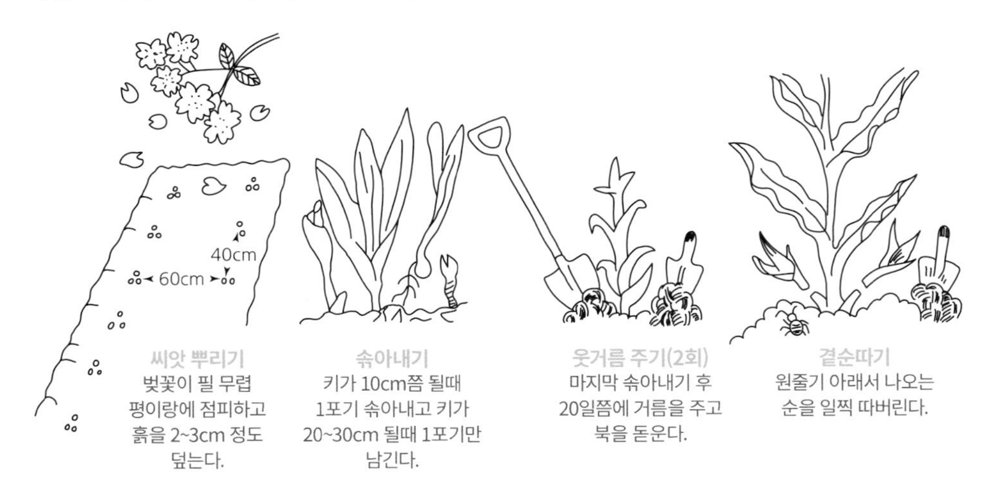

[그림 80] 옥수수 씨앗 뿌린 후 관리요령

③ 관리

㉠ 솎아주기

옥수수 키가 20~30㎝ 정도 자라면 생육이 좋은 것 한 포기만 남기고 나머지는 모두 솎음질한다. 너무 늦게 솎으면 뿌리가 길게 내려 남은 포기를 상하게 할 수 있으므로 제때 해야 한다.

㉡ 웃거름 주기

마지막 솎아주기를 하고 한 포기만 남았을 때 발효퇴비를 포기 주위에 모종삽으로 한 삽씩 주고, 흙과 가볍게 섞어 북주기를 한다. 다시 20일쯤 지나 수꽃(옥수수 줄기 끝에서 나오는 이삭)이 나오기 일주일쯤 전에 발효퇴비를 2삽 정도 주고, 5~7㎝ 정도 북주기를 한다. 복합비료를 주어도 좋은데, 30평당 5㎏ 정도 주고 흙으로 덮는다. 이때 주는 웃거름은 옥수수 알이 실하고 많이 열리게 한다.

㉢ 곁순 따기

옥수수는 곁순이 잘 나온다. 특히 단옥수수는 그 정도가 심한데, 곁순이 나오자마자 어미 포기를 잡고 젖히거나 칼로 바짝 자른다.

㉣ 꽃가루받이

텃밭에서 가꾸어 포기 수가 적거나 장마철일 때는 꽃가루받이가 잘 안 되어 옥수수 알이 성글고 적어질 우려가 크므로 꽃가루받이를 하는 것이 안전하다.

옥수수 수꽃이 나와 꽃가루가 날릴 때 아래쪽에서 암꽃 꽃술이 나온다(푸르스름하고 머리카락 같다). 바람 없는 맑은 날에 옥수숫대를 흔들어 꽃가루가 떨어지게 하거나 수꽃을 따서 암꽃술에 가볍게 털어주면 된다. 옥수수 품종 가운데 단옥수수는 해충 피해가 특히 심한데, 조명나방 같은 해충은 옥수숫대를 갉아 먹거나 옥수수자루에서 알을 갉아 먹기 때문에 피해가 상당하다. 이를 막기 위해 꽃가루받이가 끝난 옥수수자루는 투명 비닐봉지로 헐렁하게 씌우거나 모기장을 씌우는 것도 한 방법이다.

㉤ 옥수수자루 따기

옥수수는 한 포기에 옥수수자루가 2~3개 달리나 제일 위쪽에 있는 것만 제대로 자란다. 아래에 있는 것은 알맹이가 적거나 제대로 여물지 않은 것이 대부분이므로 위에 있는 것을 충실하게 하기 위해 아래쪽 자루는 암술이 나올 때 따는 게 좋다.

④ 병과 벌레 막기

앞에서 이야기한 조명나방은 옥수수가 달릴 때부터 생겨서 상당한 피해를 준다. 이를 막기 위해 유기농약을 뿌리면 좋지만, 피해를 약간 입더라도 그대로 둬 무농약 옥수수를 즐기면 더 좋다.

또 벼물바구미가 발생할 우려도 있으니 산에서 가까운 밭에다 옥수수를 심을 때는 싹이 트고 20㎝ 정도 자랄 때까지는 조심해야 한다. 씨뿌리기 전에 토양 살충제를 뿌리는 농가도 있는데, 옥수수 열매에는 문제가 없지만 토양에 좋지 않으니 농약을 뿌리지 않는 게 좋다.

⑤ 거두기

대체로 씨앗을 뿌리고 100~120일경이면 수확할 수 있으나 품종에 따라 약간씩 차이가 있다. 단옥수수나 찰옥수수는 열매가 굳으면 맛이 없으므로 단단해지기 전에 따야 하는데, 옥수수수염(암술)이 마르면 껍질을 조금 까서 손톱으로 눌러 자국이 생길 정도면 따도 된다. 팝콘을 만들거나 씨앗으로 쓸 것은 완전히 익어 껍질이 바싹 마르면 따서 말리면 된다.

꽃가루받이

꽃필 때가 장마철일 때 한다. 암꽃에서 머리카락 같이 암술이 나올 때 수꽃을 꺾어 털어준다. 조명나방 애벌레 피해를 막기 위해 옥수수자루에 비닐 봉지나 모기장을 느슨하게 씌워준다.

거두기

옥수수자루의 암술수염 색깔이 갈색으로 되어 마르기 시작할 때 딴다. 씨앗이나 팝콘용은 완전히 익을 때까지 둔다.

[그림 81] 꽃가루 받이와 수확할 때 판단

CHAPTER 08

콩류

풋콩

콩과 / Unripe Beans

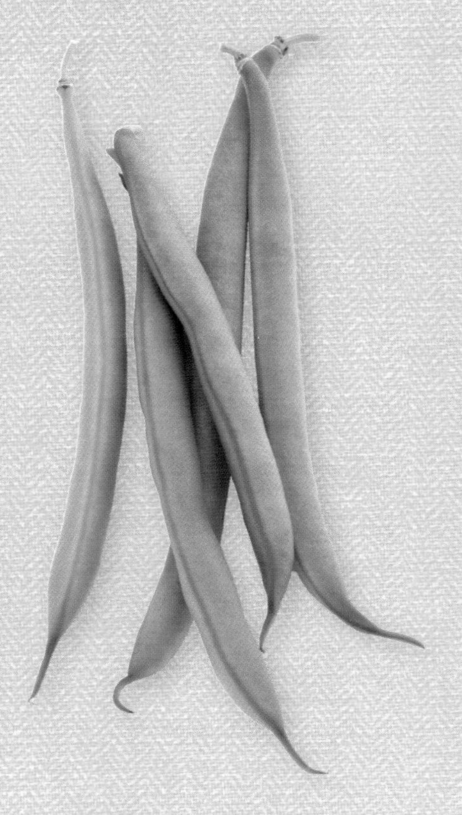

시기 5월 상·중순 파종 8월 하순에서 9월 상순에 수확

재배난이도 쉽다 **이어짓기** 가능

풋콩은 콩이 아직 익기 전인 푸른 알맹이일 때 수확한 것으로 꼬투리째 쪄서 먹 거나 밥밑콩, 술안주 등으로 쓴다. 일반적으로 풋콩 종자는 노란 콩으로 종묘상에 가면 판다. 일반적으로 메주용 콩이 완전히 익기 전에 꼬투리를 따면 풋콩이라 했으나 요즘은 풋콩 전용 품종이 육성되어 있다. 콩잎은 3종류가 있다. 보통 작물은 떡잎과 본잎 2종류가 있으나 콩은 떡잎과 1매 본잎(단엽, 單葉)과 3매 본잎(복엽, 複葉)이 있다. 보통 본잎이라고 하면 1매 본잎을 말한다.

1) 재배환경

콩은 햇빛이 잘 들고 바람이 잘 통하는 곳이 좋다. 너무 기름진 곳에 심으면 덩굴만 무성해 꼬투리가 잘 열리지 않고, 열매도 적고, 생육도 늦어지므로 주의해야 한다. 또 콩을 매년 이어짓기하면 뿌리혹박테리아 같은 병해충이 발생할 우려가 있으니 3~4년 재배한 후 돌려짓기하는 것이 좋다.

2) 밭 준비

심는 포기 수는 밭 상태에 따라 다르나 대체로 1곳에 2포기씩 심어 한 평에 15~20포기 정도 심는다. 콩은 산성 땅을 싫어하므로 반드시 석회를 주어야 하는데, 30평당 15㎏ 정도가 기준이다. 심을 밭에 먼저 잘 썩은 퇴비를 30평당 100㎏ 정도 뿌리고, 석회를 그 위에 뿌려 밭을 간다. 고토석회가 없으면 연탄재나 나뭇재를 뿌려도 괜찮은데, 양은 고토석회의 2~3배를 뿌려야 한다. 유기질도 좋은데, 쌀겨를 구할 수 있으면 한 평에 1되(2ℓ) 정도 뿌려 흙을 갈고 20~30일쯤 지나 발효가 되면 씨앗을 뿌리거나 심는다. 이랑은 밭을 잘 갈고 써레질한 후 넓이는 1m, 높이는 10㎝ 정도로 만든다. 이렇게 만든 이랑에 2줄로 심는다.

3) 씨뿌리기

조생종은 5월 상·중순에 씨앗을 뿌리는 것이 좋다. 너무 빨리 뿌리면 서리 피해를 입을 수 있으므로 주의해야 한다. 또 씨앗은 종이컵에 흙을 채우고 2~3알 뿌려 20일 정도 키워서 밭에 옮겨심기하거나 밭에 바로 뿌리는 방법이 있다. 그 방법은 다음과 같다.

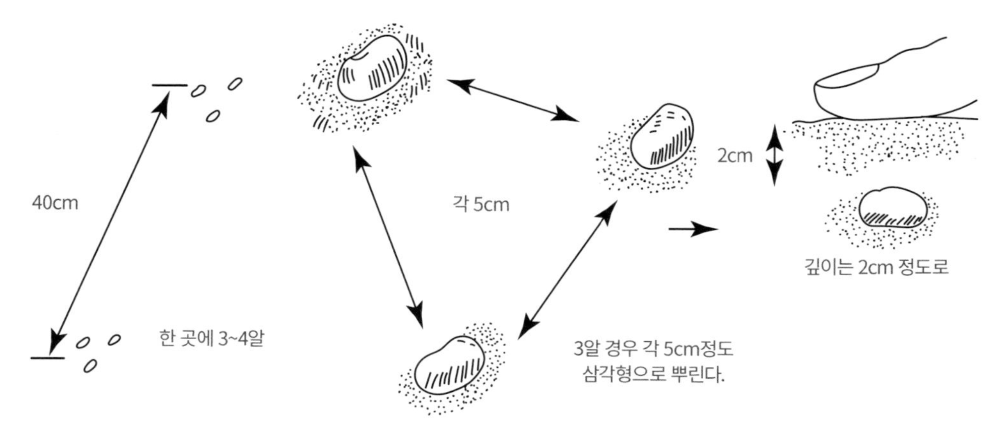

[그림 82] 콩 씨앗 뿌리기

① 바로 뿌리는(직파) 요령

줄 사이 50㎝, 포기 사이 40㎝로 한곳에 3~4알씩 점뿌림하는데, 콩알이 서로 5㎝ 정도 떨어지게 뿌리고 흙은 2㎝ 정도 덮는다. 본잎이 3~4장 나오면 2포기만 남기고 솎음질한다. 이렇게 하면 1평에 17포기 정도가 자란다.

콩은 '가물에 콩 나듯'이라는 말도 있다시피 흙이 건조하면 싹이 나기 어렵고, 또 새나 다른 짐승의 피해를 보기도 쉽다. 물을 주고 나서 씨앗을 뿌리고, 씨앗을 가볍게 누른 다음 흙을 덮고, 그 위에 풀이나 낙엽을 2~3㎝ 덮는다. 싹이 나오면 이것을 걷는다.

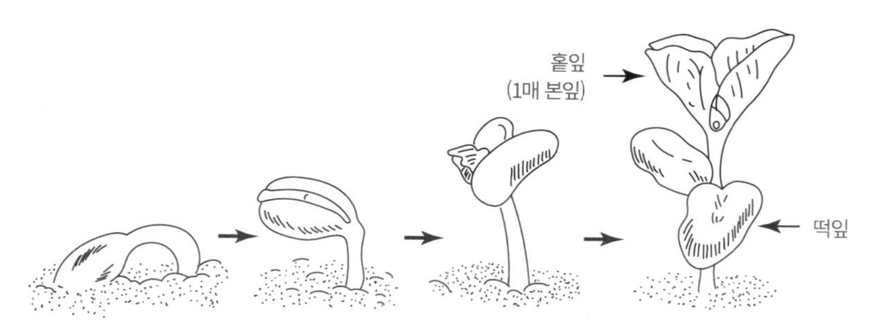

[그림 83] 콩 싹트는 모양

② 모종을 길러 옮겨심기하는 요령

㉠ 포트에 기르는 법

깊이 7~8㎝, 직경 6~7㎝ 정도 되는 포트에 기르면 좋은데, 깊이 7.5㎝ 윗면 직경이 7㎝인 종이컵이 알맞다. 이것을 쓸 때는 볼펜으로 바닥 가운데를 1㎝ 정도 크기로 구멍을 2개 뚫어서 쓴다. 이 컵에 흙을 6㎝ 정도 넣고 3알 정도 뿌린다. 씨앗 간격을 3㎝ 정도로 하고 3매 본잎이 1~2잎 정도 나오면 2포기만 남기고 나머지는 솎아준다. 이때 포기를 뽑으면 옆에 있는 포기 뿌리가 상할 수도 있으니 칼을 땅바닥에 바싹 붙이고 줄기를 자르는 게 좋다.

㉡ 상자에 기르는 법

깊이 7~10㎝ 정도 되는 스티로폼 상자에 흙을 넣고 5㎝ 정도 간격으로 한 알씩, 또는 7~8㎝ 간격으로 2알씩 뿌린다. 씨앗을 살짝 누르고 흙을 2~3㎝ 덮는다. 키가 10㎝ 정도이고 3매 본잎이 1~2잎 나오면 뿌리에 흙을 잔뜩 묻혀 한곳에 2~3포기씩 심는다.

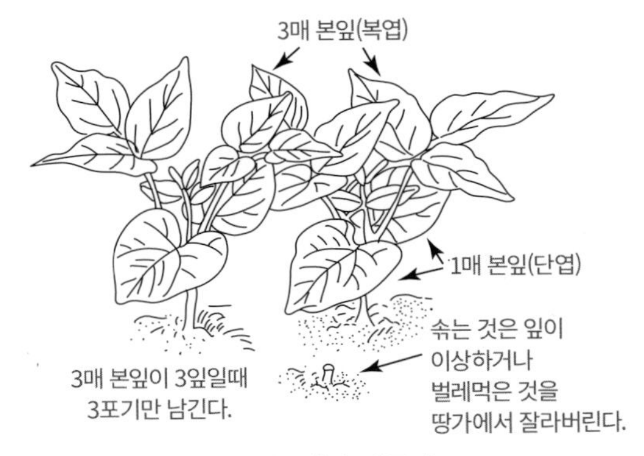

[그림 84] 솎아주기

4) 기타 관리

① 북주기

밭에 옮겨심기한 후 잡초가 나면 가볍게 매야 한다. 콩을 북주기하면 아래 줄기에서 뿌리가 내려 자람이 좋으므로 첫 꽃이 필 때쯤 첫 복엽(複葉, 잎자루 하나에 잎이 3개) 마디까지 수북하게 북주기한다. 이때 질소와 가리질이 섞인 비료(18018 복합비료)를 3평에 한 줌 정도 뿌리고 북주기하면 콩깍지와 알이 실하다.

② 물 주기

콩은 꽃이 필 때 가물면 콩알이 충실하지 못하므로 가능하면 2~3일에 한 번씩 물을 충분히 주면 좋다.

③ 병해충

콩에는 특별한 병이나 벌레가 없는 편이다. 간혹 잎에 노란 점이 보이거나 벌레가 잎을 갉아 먹는 일도 있으나 그리 신경 쓰지 않아도 된다. 게다가 풋콩은 익기 전에 거두므로 문제가 되지 않는다.

북주기 · 웃거름 주기
키가 20cm쯤 되면 북을 준다.
생육이 나쁘면 퇴비를 넣는다.
(깻묵, 계분거름은 주지 않는다)

거두기
아래쪽 깍지부터 열매가 생기므로 차례로 따낼 수도 있다. 80% 열매가 들었으면 일찍 베어낸다.
뿌리는 뒷그루가 잎 채소일 경우는 그대로 두고 뿌리채소일 경우는 캐내어 퇴비로 한다.

[그림 85] 북주기와 거두기

5) 거두기

풋콩은 글자 그대로 덜 익은 콩이므로 꼬투리가 푸르러도 알맹이가 커지면 거둔다. 잎이 약간 노란빛을 띠기 시작할 때이다. 거둘 때는 줄기를 잡고 그대로 뽑아 흙을 털고 꼬투리를 따면 된다. 잎은 훑어 밭에 2~3일 두었다가 밭을 갈아엎으면 좋은 거름이 된다. 콩 뿌리와 줄기도 2~3토막을 내 삽으로 밭을 파 뒤집으면 뒤에 좋은 거름이 된다.

6) 메주콩 가꾸기

GMO 콩(유전자 조작 콩) 문제가 많아 우리 농가가 생산한 콩을 사려는 사람이 많다.

메주콩을 심으려면 씨앗을 농업기술센터에 신청하면 쉽게 구할 수 있다.

가꾸는 방법은 풋콩 가꾸기와 하등 다를 바가 없으며, 따는 시기만 다를 뿐이다. 풋콩을 따지 말고 그대로 두면 꼬투리가 황갈색으로 익고, 잎도 누렇게 물들어 낙엽이 지기 시작한다. 이때 콩대를 꺾어 며칠간 잘 말려 탈곡한다. 수확량이 적으면 바닥에 비닐을 깔고 방망이로 줄기째 두드리면 콩알이 빠져나온다.

콩류

02

강낭콩

콩과 / Kidney Bean

시기 4월 초·중순 파종 6~7월 수확

재배난이도 쉽다 **이어짓기** 2년쯤 심은 후 돌려짓기

강낭콩은 봄에 일찍 뿌려 6월에 거두는데, 보통 밥밑콩, 떡고물로 이용하고 있다. 강낭콩은 칼로리가 높고, 단백질과 비타민 B1, B2를 많이 함유하고 있어 영양가가 높은 채소이다. 풋콩은 각종 요리재료로 쓰이고 덜 익은 꼬투리는 국거리나 볶음채소로 쓰인다.

1) 종류

강낭콩은 덩굴이 길게 자라고 생육 기간이 긴 덩굴성 강낭콩, 덩굴 없이 키가 50㎝ 정도 자라고 단기간에 수확하는 난쟁이 강낭콩이 있다. 보통 텃밭에는 난쟁이 강낭콩이 좋다. 종묘상에서 씨앗을 살 때 반드시 덩굴성 여부를 물어보고 사야 한다.

2) 가꾸기 알맞은 환경

① 온도

싹트는 데는 20℃ 정도가 알맞고, 자랄 때는 15~25℃가 좋다. 봄에 파종해 장마철에 수확하면 밥밑콩으로 알맞다. 하지만 장마철에는 꼬투리 속에서 싹이 터 못 쓰게 되는 일도 종종 있으므로 주의해야 한다.

② 밭

그리 까다롭지 않아 가리는 흙은 없지만 물이 잘 빠지는, 즉 진흙이 섞인 참흙이 좋다. 강낭콩은 이어짓기를 싫어하니 유의하고, 또한 산성흙에서는 잘 자라지 못하므로 반드시 씨뿌리기 2~3주 전에 석회(고토석회, 농용석회 등)를 주고 밭갈이를 해야 한다. 대체적인 것은 풋콩과 비슷하다.

3) 가꾸기

① 밭 준비

씨뿌리기 2~3주일 전에 석회는 30평당 12㎏, 퇴비(쌀겨, 가축 분뇨 등)는 60㎏ 정도 뿌리고 25㎝ 정도 깊이로 잘 뒤집어 둔다. 비료는 메마른 땅에는 복합비료를 평당 반 줌 정도 뿌리는 것이 좋으나, 늘 농사짓는 밭은 그 반의반만 주는 것이 좋다. 그리고 토양 세균인 뿌리혹박테리아는 공기 중에 있는 질소 성분을 흡수해 강낭콩에 공급한다.

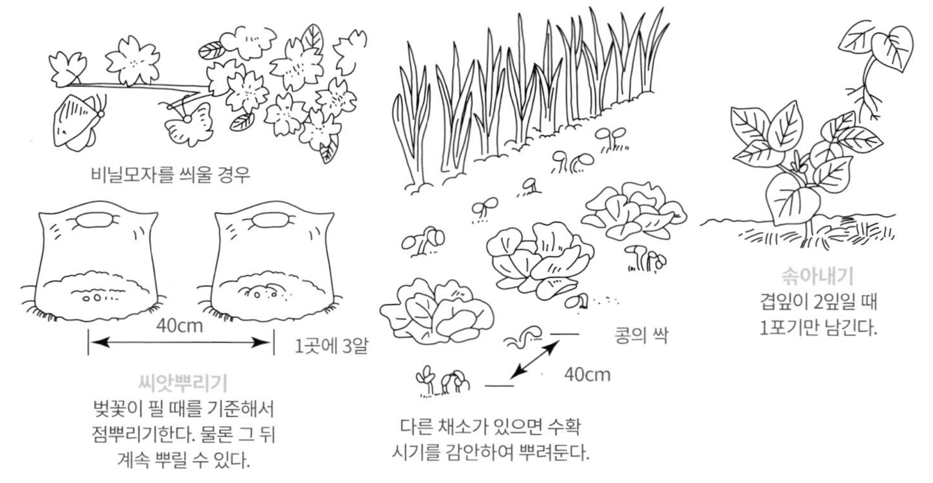

[그림 86] 씨앗뿌리고 솎아주는 요령

② 씨뿌리기

보통 덩굴 없는 난쟁이 강낭콩은 싹트고 꽃 피는 기간이 40~50일, 덩굴성은 55~70일 정도이므로 참고해 씨앗을 뿌리도록 한다. 밭에 바로 뿌리는 씨앗은 늦서리 피해가 없을 때인 벚꽃이 필 때쯤이 안전하다.

씨앗은 줄 사이 50~60㎝, 포기 사이는 40㎝로 뿌린다. 한곳에 3알 정도 심고 흙은 2㎝ 정도 덮는다. 씨앗을 뿌린 후 투명 비닐을 덮어주면 빨리 자란다. 그리고 씨앗을 뿌린 자리는 직경 10㎝ 정도로 둥글게 비닐을 도려내야 한다. 난쟁이 강낭콩은 2~3주일 간격으로 계속 뿌리면 계속 수확할 수 있다.

③ 솎아주기, 김매기, 북주기

겹잎이 2잎 정도 나오면 한곳에 한 포기만 두고 나머지는 솎아준다. 자라면서 풀이 나오면 뽑고, 본잎이 3매 나오면 북주기를 해 쓰러짐을 막고, 첫 꽃이 피면 음식물 찌꺼기 발효한 것을 포기 사이에 뿌리고 북주기하면 좋다.

④ 병과 벌레 막기

특별히 이렇다 할 병은 없다. 강낭콩이 어릴 때 진딧물이 많이 생기면 바이러스가 침입해 포기를 못 쓰게 할 수도 있으나 그리 흔하지는 않다. 밭이 기름지고, 퇴비를 많이 넣어 강낭콩이 건강하게 잘 자라면 피해가 거의 없다. 처음에 진딧물이 생기면 요구르트를 분무기에 담아 진딧물 몸이 완전히 젖도록 뿌리면 좋다.

웃거름 주고 북주기
웃거름은 약간만 주고 북을 주어야 열매가 충실하다. 건강하면 진딧물 걱정은 하지 않아도 된다.

거두기
꽃핀지 15일쯤 되면 꼬투리 색이 변한다. 다 익기 전에 따야 맛있다.

[그림 87] 북주고·익으면 딴다

⑤ 거두기

난쟁이 강낭콩은 씨를 뿌린 후 60여 일이면 거둘 수 있다. 꼬투리가 푸른색에서 노랗거나 고유한 색깔로 변하면 열매도 역시 고유한 색깔로 변하는데, 굳기 전에 거두어들인다. 떡고물로 쓰려면 더 익은 것이 좋다. 난쟁이 강낭콩은 꽃이 지고 10~15일이면 꼬투리가 다 익으므로 익는 대로 따고, 다 거둔 포기는 뿌리째 뽑아 잎과 줄기를 3~4토막 내 밭에 뿌리고 갈아엎으면 좋은 거름이 된다.

이듬해 씨앗으로 쓰려면 포기 자람과 꼬투리 등을 잘 살펴 좋은 것으로 몇 포기를 선택해 완전히 익힌 다음, 열매를 따서 충분히 말려 저장한다.

콩류

03

풋완두

콩과 / Green Peas

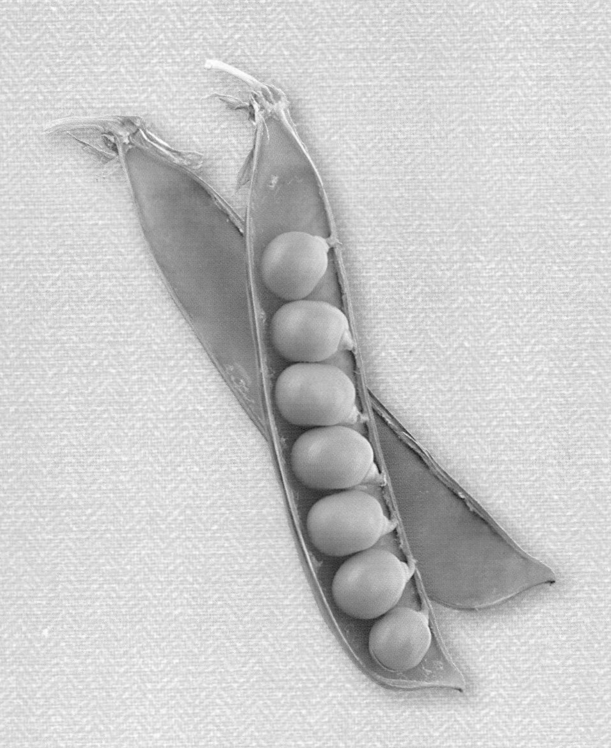

시기 봄 : 3월 하순 파종, 6~7월에 수확
가을 : 10월 중순 파종, 이듬해 5~6월에 수확
재배난이도 쉽다 **이어짓기** 1년쯤 심은 후 돌려짓기

" 풋완두는 밥밑콩으로 넣어 먹거나 각종 요리재료로도 이용하고, 꼬투리째 조림으로도 쓴다. 열매는 단백질이 많고, 꼬투리는 비타민과 단백질이 많이 들어 있어 영양가 높은 채소이다. 완두콩은 분홍빛 꽃이 아주 아름답고 귀여울 뿐만 아니라 덩굴손과 콩깍지도 예뻐 관상용으로도 아주 좋다. "

1) 성질

남부지방에서는 완두를 10월 중순경 보리를 심을 때 이랑 사이에 심어 보리 수확 전에 풋완두로 따 먹는데, 가을철에 심기도 한다. 그러나 중부지방에서는 가을에 뿌리면 겨울 추위에 얼어 죽으므로 초봄에 땅이 녹는 대로 뿌려 6월에 거둔다.

보통 키가 1~1.5m에 이르는 덩굴성 품종을 재배하고 있는데, 이 품종이 수량도 많고 재배하기도 쉽다. 씨앗은 종묘상에서 쉽게 구할 수 있다.

2) 가꾸는 환경

① 온도

싹트는 온도는 18℃ 정도가 좋으나 4℃에서도 가능하다. 자랄 때는 15~20℃가 알맞으나 겨울 추위에도 어느 정도 강해 4~7℃에서도 견딘다. 반면 더위에는 약해 20℃ 이상이면 잘 자라지 못한다.

② 알맞은 밭

강낭콩처럼 물 빠짐이 좋으면서 진흙이 섞인 참흙이 좋다. 또 산성토양에서는 자라지 못하므로 석회를 충분히 넣은 중성이나 약한 알칼리성토양이 좋다. 특히 완두는 콩과 식물 중에서 기지현상(忌地現象, 한곳에서 이어짓기하면 자람이 아주 나쁜 현상)이 가장 잘 나타나기 때문에 한 번 심은 땅에서는 3년 정도 돌려짓기해야 한다.

3) 가꾸기

① 밭 준비

앞에서 설명한 강낭콩과 거의 같으나 석회는 조금 더 주는 편이 좋다.

② 씨뿌리기

남부지방은 10월 중순경에 씨앗을 뿌려 이듬해 5~6월에 거두는데, 추위에 강한 품종을 골라 뿌려야 한다. 중부지방은 초봄에 땅이 풀리면 밭갈이를 하고 씨앗을 뿌려 6월에 거둔다. 밭갈이하여 이랑을 지은 후 투명 비닐을 덮고 씨앗을 뿌리면 땅 온도가 높아 빨리 자란다. 씨앗을 뿌리는 간격은 한 이랑에 줄 사이 45㎝, 포기 사이는 25~30㎝ 정도로 한다. 한곳에 2~3알씩 뿌리고 흙을 3㎝ 정도 덮는다.

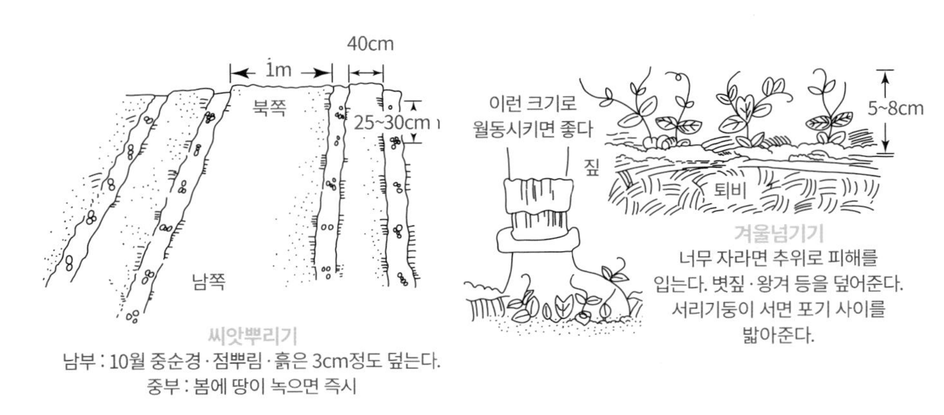

[그림 88] 씨앗뿌리기 · 겨울넘기기

③ 서리 막이

남부지방에서는 겨울이 따뜻해 모종이 생각보다 웃자랐을 때는 짚 같은 것을 포기 사이에 깔아 날리지 않도록 막대기로 누르거나 흙을 가볍게 덮는다. 겨울철 서리 기둥이 솟으면 아침나절에 보리밟기하듯 이랑 사이를 밟아 뿌리가 들뜨지 않도록 한다.

④ 솎아주기, 김매기, 북주기

본잎이 1~2장 나오면 한곳에 2포기 정도 남기고 약한 것은 솎아준다. 비닐로 멀칭한 곳은 그대로 두지만, 아무것도 덮지 않은 곳은 풀을 뽑으며 포기 아래쪽에 북주기를 하면 좋다.

⑤ 지주(막대 지주, 줄 지주) 세우기

완두는 덩굴성이므로 반드시 지주를 세워 덩굴이 서로 엉키지 않도록 해야 햇빛이 고루 들고 바람도 잘 통해 꽃 피기와 열매가 실해진다. 지주가 많으면 몇 포기 사이에 가지 많은 지주를 꽂아주면 되나 그렇지 않으면 5포기마다 1개씩 1.5m 정도 되는 각목을 단단히 세우고 끈으로 가로 묶으면 덩굴손이 잘 자라며 올라간다. 농업용 그물을 치면 손쉽다.

[그림 89] 웃거름 주고 지주 세워 덩굴유인

⑥ 병해충 막기

모잘록병(立枯病)이 가끔 생기나 돌려짓기하거나 처음 심는 경우에는 거의 문제가 되지 않으니 그리 염려하지 않아도 된다. 벌레는 어릴 때(봄) 진딧물이나 잎굴파리가 발생하는데, 진딧물은 요구르트를 뿌려 증식을 막는다.

⑦ 거두기

풋완두는 꽃이 피고 35일쯤 꼬투리 표면에 그물 무늬가 보이면 딴다. 처음 심어도 꼬투리가 부풀고 알맹이 모양이 뚜렷이 나타나면 꼬투리를 까서 익은 정도를 보고 거두면 문제없다. 너무 익으면 단단해서 먹기 어려우니 굳기 전에 딴다. 이듬해 씨앗으로 쓰려면 꼬투리 색깔이 거의 회백색이 되고, 꼬투리를 눌러 알맹이가 단단해졌을 때 따서 보관한다.

진딧물을 둘러싸고 있는 곤충

진딧물은 양분을 빨아먹을 뿐만 아니라 바이러스도 옮기는 귀찮은 벌레이다. 진딧물을 살펴보면 성충 뒤로 유충이 행렬을 짓고 있는 광경을 곧잘 볼 수 있다. 이것은 번식력과 그 속도가 놀라울 정도인데, 생후 1주일이면 성충이 되고, 또 겨울을 제외하고는 1년 내내 번식한다. 또 봄부터 여름에 걸쳐 암놈만으로도 약충(若蟲, 진딧물 애벌레)을 낳을 수 있다.

진딧물의 강력한 천적은 칠점무당벌레이다. 이 벌레는 유충일 때부터 진딧물 체액을 빨아먹고 자란다. 다만 같은 무당벌레라도 28점박이 무당벌레는 가지와 줄기를 갉아 먹으므로 주의해야 한다. 천적은 이 밖에도 많이 있어, 풀잠자리 유충이나 넓적등에 유충 등은 진딧물이 바늘 같은 주둥이를 식물에 꽂고 있을 때 잡아먹는다.

진딧물이 늘어나 과밀상태가 되면 자연히 날개가 나와 먹이를 찾아 이동하는데, 그때 잠자리가 날아와서 재빨리 잡아먹는다. 또 기생벌이 진딧물 몸에 산란하면 진딧물은 둥글게 부풀며 다갈색 시체로 변한다.

이같이 농약을 쓰지 않아 생태계의 균형이 잡힌 밭에서는 진딧물 피해도 최소한으로 줄일 수 있다.

CHAPTER

09

뿌리채소류

뿌리채소류

01

무

배춧과 / Radish

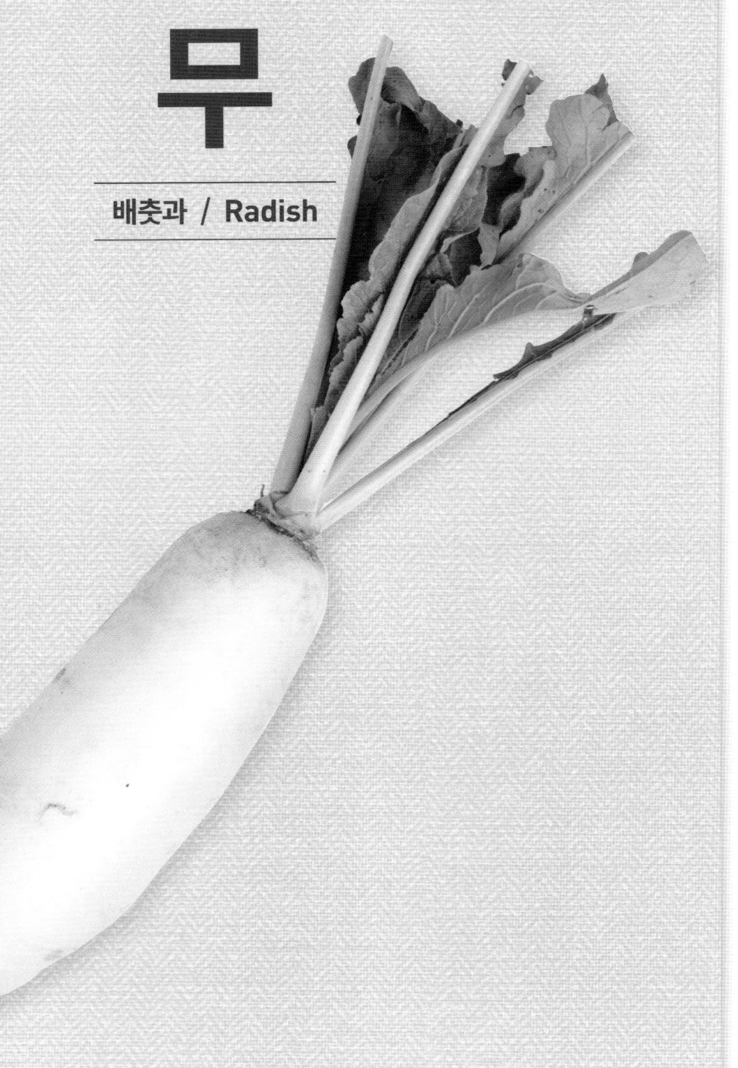

시기 8월 중·하순에 파종, 11월에 수확

재배난이도 보통 **이어짓기** 가능

“ 무는 배추와 함께 우리나라 국민에게 가장 중요한 채소 중 하나로 김치를 비롯해 각종 반찬 재료로 쓰인다. 식품으로 보면 열량은 거의 없으나 시래기 재료인 잎에는 비타민 A와 C가 많이 들어 있고, 뿌리에는 비타민 C와 소화효소인 디아스타제(diastase)가 많이 들어 있어 영양이 풍부하다. 자라는 기간도 짧아 밭을 이용하기가 쉽고, 일손도 적게 들고, 가꾸기도 쉬워 처음 재배해도 문제 될 일은 별로 없다. ”

1) 종류와 품종

무를 크기로 나누면, 봄이나 가을에 김치용으로 쓰는 보통 ‘큰무’, 자라는 기간과 크기가 보통 무보다 짧고 작은 ‘소형무’, 총각김치를 담그는 ‘총각무(알타리무)’, 우리나라 김포와 강화 지역 특산물인 ‘순무’가 있다.

가꾸는 시기에 따라서는 봄무와 가을무가 있는데 성질이 다르다. 가을에는 반드시 가을무를 심어야 하므로 씨앗을 구할 때 주의해야 한다. 또 무 씨앗을 뿌리고 30~40일 지나 뿌리가 굵어지기 전에 뽑아 잎채소로 쓰는 ‘열무’가 있다. 무 씨앗이면 아무것이나 상관없으나 요즘은 열무 전용 품종도 있다. 그리고 래디쉬라고 부르고 서양 채소로 분류하는 방울토마토만 한 크기인 ‘20일무’도 있다. 무 품종은 종묘사마다 다양하니 필요에 따라 구입하면 된다.

2) 가꾸기 알맞은 환경

① 온도

무는 서늘한 기후를 좋아하는 저온성 채소(低溫性菜蔬)이나 추위나 더위에 견디는 성질은 배추보다 약하다. 무가 자라는 알맞은 온도는 20℃ 전후이며, 낮은 온도에서도 잘 견딘다. 잎은 0℃에서 피해가 없으나 어느 정도 자란 뿌리는 피해를 입는다.

가을무를 초봄에 심으면 대부분 뿌리가 들기 전에 장다리가 생기고 꽃이 피기 때문에 못 쓴다. 무(배추도 같다) 꽃눈이 생기는 현상은 씨앗이 물을 빨아들인 상태에서 싹이 트고, 그때 13℃ 이하 저온에서 일정 기간 경과하면 꽃눈이 생기는데, 이건 생리적 특성이다(저온감응, 低溫感應). 이 현상이 가장 민감할 때가 떡잎이 벌어질 때쯤인 2~5℃이다. 이처럼 저온감응 현상은 낮은 온도에서는 며칠 내에 이루어지고, 기간이 길어질수록 꽃눈이 생기는 성질도 촉진된다.

② 밭

무는 뿌리가 곧게 뻗는 채소이므로 흙살이 깊고, 물을 잘 간직하고(보수력, 保水力), 또 물 빠짐(배수, 排水)이 좋은 모래참흙이 알맞다. 진흙이 많은 밭에서는 딱딱하고 색깔이 나빠지며, 또 날씨가 가물 때는 쓴맛과 매운맛이 나기 쉽고, 잔뿌리가 나고, 가랑이도 잘 생긴다. 추위에 견디는 성질이 커지고, 바람들이도 늦어지게 하려면 모래땅보다 끈끈하고 차진 땅이 훨씬 좋다. 토양산도는 pH5.5~6.8 정도인 약산성이 좋고, 병해충 문제만 없다면 한곳에서 4~5년 동안 재배해도 되고, 또 재배할수록 품질이 좋아진다.

3) 가꾸기

① 밭 준비

어느 철에 가꾸든 씨뿌리기 3주일 전에 30평당 잘 썩은 퇴비 100kg 정도와 고토석회비료 10kg 정도 넣어 25㎝ 깊이로 갈아엎는다. 2주일쯤 지나 밑거름으로 복합비료를 3kg 정도 뿌리고 다시 뒤집어 흙을 부드럽게 한 다음 폭 80~90㎝로 이랑을 만든다. 이랑 높이는 15㎝ 정도로 하는데 뿌리가 긴 무는 더 높아도 된다.

② 씨뿌리기

㉠ 무는 봄, 여름, 가을 어느 때라도 가꿀 수 있는데 씨앗은 그 철에 알맞은 것을 선택해야 한다.

ⓐ 봄 가꾸기 : 봄에 뿌리는 것은 저온에 강하고 만추대성(晩抽苔性, 꽃눈이 생겨도 장다리가 늦게 나오는 성질)이 강한 품종을 골라야 한다. 시기는 남부지방은 3월 하순부터 뿌리고, 중부지방은 4월 이후가 안전하며 5월 중순까지 뿌린다. 이 시기가 늦어질수록 병이나 벌레가 많아지고 여러 생리장해가 생기기도 하므로 주의해야 한다.

ⓑ 여름 가꾸기 : 평지에서는 곤란하며 표고가 600m 이상 되는 강원도 산간 고랭지나 해안지방에서나 가능하다. 병과 벌레가 많고 고온강광(高溫强光)으로 장다리가 생기는 등 품질이 나쁘다.

ⓒ **가을 가꾸기 :** 가장 대표적인 계절로 날씨가 알맞아 좋은 무를 거둘 수 있다.

ⓛ **씨앗을 뿌리는 방법** 씨를 뿌리는 방법은 줄뿌림과 점뿌림이 있는데, 요즘은 점뿌림이 일반적이다. 보통 '큰무'는 80~90㎝ 이랑에 2줄로 간격은 50~60㎝ 정도로 뿌린다. 이 경우 포기 사이를 25㎝ 정도로 하고, 한곳에 씨앗 3~4알을 2㎝ 간격으로 삼각형이나 사각형 모양으로 뿌리면 관리하기 쉽다. 줄뿌림은 호미로 깊이 2㎝ 정도로 골을 만든 다음, 씨앗을 1㎝ 간격으로 한 알씩 놓는다는 기분으로 뿌리고, 1㎝ 정도 흙을 덮는다. 가정용 텃밭에서는 줄뿌림이 좋다. 어릴 때는 열무로 중간쯤부터는 뿌리를 쓰기 때문이다.

③ 거름주기

밑거름을 주었더라도 제대로 자라도록 하기 위해서는 웃거름을 두 번 정도 더 주는 게 좋다. 싹이 나고 본잎이 1~2장 나오면 깻묵, 쌀겨 등을 발효시킨 것을 포기 사이에 뿌리고 묻는 게 좋다. 두 번째 웃거름은 그로부터 20일쯤 지나서 역시 포기 사이에 뿌리고 김매기와 겸해 가볍게 긁어 준다.

④ 솎아주기

점뿌림한 것은 떡잎 때부터 2번 정도 솎음질해 본잎이 6~7장 정도 나오면 좋은 것 한 포기만 남기고 솎음질한다. 솎아주기는 생육이 나쁘거나 너무 왕성한 것, 잎 색깔이 너무 짙거나 옅은 것, 병이나 벌레 피해를 입은 것을 한다. 줄뿌림한 것은 어릴 때 솎음질을 겸해 뽑아서 먹고, 본잎이 6~7장 나오면 25㎝ 간격으로 1포기씩 남긴다.

4) 생리장해와 병·해충 막기

① 추대(抽苔, 장다리 나오는 것)

싹이 트고 13℃ 이하 저온에 오래 있으면 꽃눈이 생기고, 고온장일(高溫長日)이 되면 장다리가 나온다. 이런 현상은 가을무(18℃ 이하에서 저온감응)가 가장 심하고, 얼갈이무, 봄총각무, 대형봄무 순이다. 이렇게 품종에 따라 차이가 나는데, 봄뿌림 문제이니 봄에 너무 일찍 파종하지 않도록 한다.

② 바람들이

뿌리에 스펀지처럼 틈이 생겨서 맛이 없어지는 현상인데 이유는 여러 가지다. 너무 일찍 뿌렸을 때, 비료를 너무 많이 주었을 때, 중기부터 햇빛을 충분히 받지 못했을 때, 장다리가 생길 때 등 뿌리 굵기에 비해 동화양분(同化養分)을 충분하게 축적하지 못했을 때 발생한다. 퇴비를 충분히 주고 제때 거두어야 한다.

③ 병·벌레 막기

병·벌레는 어느 채소나 마찬가지로 있으나 텃밭에 조금씩 가꿀 때는 별문제가 안 된다. 어릴 때 벼룩잎벌레가 잎을 갉아 먹어 구멍이 많이 생기나 씨앗을 뿌릴 때 여유분을 더 뿌리면 된다. 무 잎이 어느 정도 자라면 청벌레도 더러 보이는데, 매일 살펴보며 손으로 잡아주는 게 좋다.

5) 거두기

텃밭에는 좀 촘촘하게 뿌려 자라는 대로 열무, 무로 뽑아 그때그때 요긴하게 쓴다. 뿌리를 너무 늦게 수확하면 바람들이, 뿌리 터짐 등이 발생하니 때맞춰 거두도록 한다.

6) 총각무

① 특성

무 크기가 보통 무(900g 전후)보다 훨씬 작은 100g 정도이며, 자라는 기간도 짧아 씨를 뿌리고 50일 정도면 다 자란다. 가을 김장용으로 쓸 때는 무보다 15~20일 늦게 심어야 좋다.

② 가꾸기

무와 비슷하나 작기 때문에 씨뿌리기 간격이 더 촘촘해야 한다. 보통 줄 사이 20㎝ 정도, 포기 사이 10~15㎝면 알맞다. 거름 양은 자라는 기간이 짧으므로 일반 무 절반 정도만 주는데, 밑거름만 준다. 다 자란 뒤에 제때 뽑지 않으면 뿌리 밑이 터지는 현상이 나타나므로 제때 거두어야 한다.

7) 소형무

① 특성

글자 그대로 일반 무를 작게 만들어 놓은 것과 같다. 봄부터 가을까지 가꾸는데 대체로 씨앗 뿌린 후 50일 정도면 거둔다.

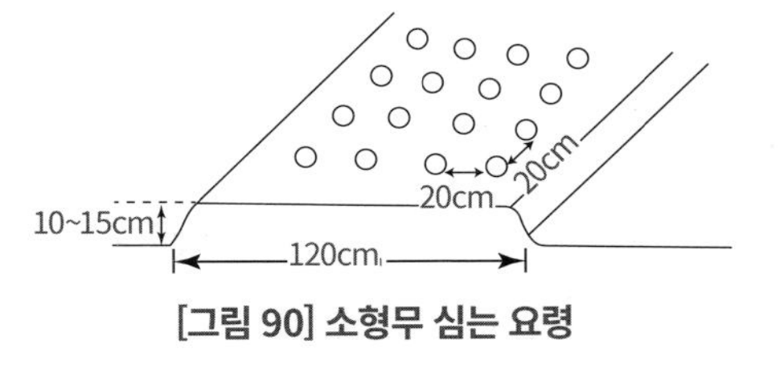

[그림 90] 소형무 심는 요령

② 가꾸기

품종은 봄뿌림, 여름뿌림, 가을뿌림이 종묘사마다 다양하게 있다. 그림과 같이 120㎝ 정도 이랑을 만들고, 그곳에 사방 20㎝ 간격으로 씨앗을 5~6줄을 뿌리고, 씨앗은 한 곳에 3알씩 뿌리고 뒤에 솎음질해 한 포기씩 가꾼다. 거름은 총각무처럼 준다.

8) 20일무

① 특성

서양에서 래디쉬라고 부르는 방울토마토처럼 생긴 잘고(직경 2㎝ 정도) 둥근 무로 자라는 기간이 짧아 '20일무'라고 하나 실제 자라는 기간은 30~40일 정도이다. 잎줄기 길이도 15㎝ 정도로 깜찍해 장식용으로도 귀염을 받고 있다.

② 가꾸기

봄·가을에 재배한다. 봄에는 4월에 뿌리고 가을에는 8월 하순~9월 중순경에 뿌린다. 무가 작고 자라는 기간도 짧으므로 촘촘하게 뿌려도 된다. 이랑을 만들고 줄 사이 10㎝, 포기 사이 6~7㎝ 정도로 한곳에 2~3알씩 점뿌림을 하거나 0.5㎝ 간격으로 한 알씩 줄뿌림해 흙을 1㎝ 정도 덮는다.

㉠ 솎아주기

점뿌림했을 때 본잎이 2장 정도 나오면 촘촘한 것, 자람이 나쁜 것 등은 솎음질한다. 줄뿌림했을 때는 떡잎이 한 잎씩 나올 때마다 솎아 본잎이 2~3장이 나오면 포기 사이를 6~7㎝로 한다.

㉡ 거두기

씨를 뿌리고 30여 일 지나고, 무 직경이 2㎝ 남짓 되면 솎음질해 뽑아 쓴다. 기온이 높아지거나 너무 오래 밭에 두면 무 밑이 갈라지기도 하니 제때 뽑아야 한다.

뿌리채소류

02

당근

미나릿과 / carrot

시기 봄 : 4~5월에 파종, 7~9월에 수확
가을 : 8월에 파종, 11월에 수확
재배난이도 보통 **이어짓기** 가능

“ 비타민 A를 비롯해 안토시안색소가 많이 들어 있고, 카로틴도 적지 않아 영양 가치가 높다. 등황색 색깔이 식욕을 돋우며, 철분도 많아 안색을 좋게 하고, 맛과 향기, 색깔 등 모든 면에서 인기 있는 채소이다. 기능성 당근 음료도 많이 개발되어 수요가 늘고 있고, 샐러드나 과자 재료로도 쓰인다. 저장하기도 무보다 훨씬 좋아 텃밭채소로 사랑받고 있다. ”

1) 종류와 품종

길이에 따라 3치 당근, 5치 당근, 긴 당근으로 나뉜다. 우리나라에서는 거의 5치 당근을 심는다.

2) 가꾸기 알맞은 환경

① 온도

서늘한 날씨를 좋아한다. 싹트는 데는 15~25℃, 자랄 때는 18~21℃, 그리고 뿌리가 등황색으로 곱게 물드는 데는 16~20℃가 좋다. 당근도 자랄 때 온도가 낮으면 꽃눈이 생기고 장다리가 나와서 못 쓴다. 무는 싹 틀 때부터 30일 사이에 그 영향을 받으나 당근은 보통 잎이 12~13매 정도 나오고 4.5~15℃ 저온에서 25~60일 정도 지내면 꽃눈이 생기고, 그 뒤 10~20℃ 중온(中溫)과 장일(長日, 해가 점점 길어짐)이면 급속히 장다리가 나온다. 그래서 봄뿌림 재배는 장다리가 나오기 쉬우므로 씨앗을 구입할 때 이 점을 특히 잘 알아보고 품종을 선택해야 한다.

② 밭

당근은 아무 흙이나 적응성이 넓은 편이나 기름진 모래참흙이 가장 좋다. 토양반응(土壤反應, 산성토양에 대한 반응)도 좋아 pH 5.3~7.0 정도로 넓지만 6.0~6.6이 가장 좋다. 또 밭 수분 정도가 알맞은 땅에서 잘 자라는데, 특히 싹틀 때부터 잎이 6매쯤 나올 때까지 너무 마르지 않도록 물을 간혹 줘야 한다. 무와 마찬가지로 가꾼 자리에 계속 심으면 품질이 좋아진다.

3) 가꾸기

① 밭 준비

당근은 무와 같은 뿌리채소이므로 무에 준해서 가꾸면 된다.

② 씨뿌리기

㉠ 씨앗 뿌리는 시기

ⓐ **봄 가꾸기 :** 앞에서 설명한 것처럼 너무 일찍 뿌리거나 품종을 잘못 선택하면 자라는 도중에 장다리가 생겨 못 쓴다. 날씨가 따뜻해지는 4~5월이면 장다리가 늦게 나오는 봄뿌림 전용 품종을 골라 심는다.

ⓑ **가을 가꾸기 :** 한창 자랄 때는 가을이지만 씨앗을 뿌리고 싹이 틀 때는 더울 때이므로 더위에 잘 견디는 품종을 선택해야 한다. 싹이 잘 나도록 씨앗을 뿌리기 전날에 물을 충분히 주고, 씨앗을 뿌리고는 가볍게 누른 다음 흙을 0.5㎝ 정도 얇게 덮고, 그 위에 볏짚이나 풀, 신문지를 2겹 정도 덮어 날리지 않도록 각목 같은 것을 올리면 된다.

㉡ 씨뿌리기 방법

당근은 싹이 잘 트도록 하는 게 가장 중요하다. 이를 위하여 다음 사항을 숙지한다.

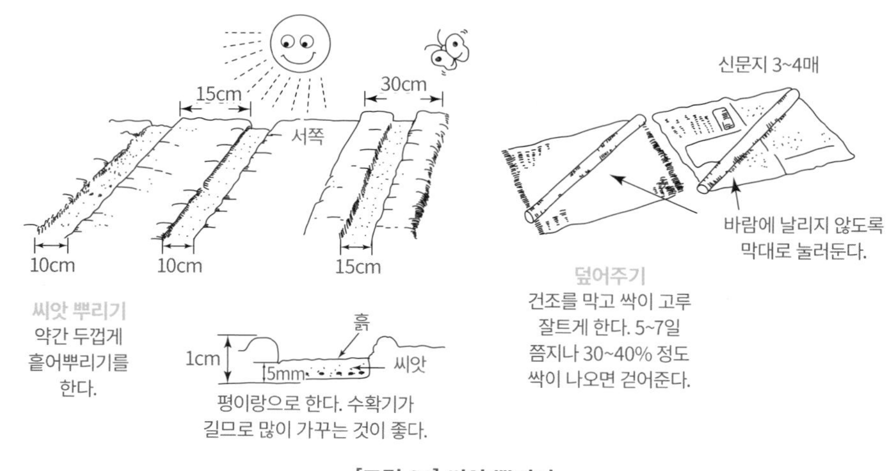

[그림 91] 씨앗 뿌리기

ⓐ 씨앗을 살 때 채종한 지 오래되지 않은 것(1년 이내)을 고른다.

ⓑ 씨앗은 60~70㎝ 이랑에 2줄로 줄뿌림한다. 싹트는 비율이 낮은 편이므로 5~10㎜ 사방으로 좀 많이 뿌린다. 씨앗 양은 1평에 1작 정도가 기준이다.

ⓒ 씨앗을 뿌리기 전에 물을 충분히 주고, 물이 다 스며든 다음에 씨앗을 뿌리고 가볍게 누른 후 흙을 0.5㎝ 정도 얇게 덮는다.

ⓓ 그 위에 볏짚이나 신문지를 덮어 흙이 마르지 않도록 하고, 싹이 40% 정도 나오면 걷어 낸다.

[그림 92] 웃거름 주는 요령

③ 거름주기

대체로 거름은 무의 2/3 정도를 준다. 주는 방법은 무와 같은데, 씨뿌리기 3주일 전에 주어 충분히 분해되도록 한다. 웃거름도 2번 정도 준다.

④ 솎아주기

씨를 뿌리고 7~10일쯤이면 싹이 나는데 알맞게 솎음질을 해야 잘 자란다. 솎아주기는 잎 색깔이 너무 짙거나 너무 빨리 자란 것, 촘촘하게 난 곳이나 병해충을 입은 것을 한다. 보통 3번 정도 솎음질하는데 그 기준은 아래 표와 그림을 참고하기 바란다.

솎아주기 횟수	본잎 수	포기 사이
1	2~3	4~5
2	4~5	7~9
마지막	6~7	10~12

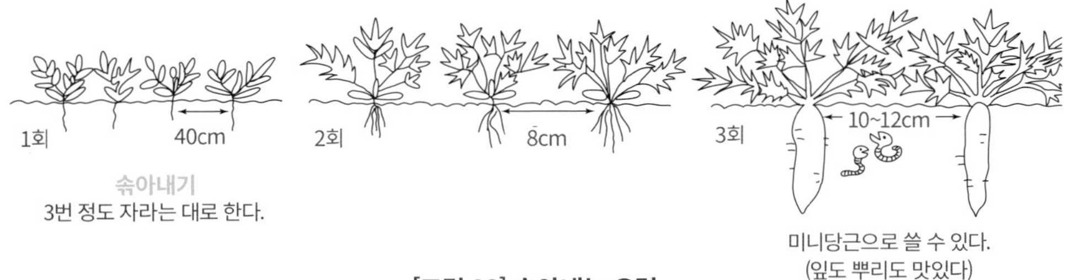

[그림 93] 솎아내는 요령

솎아주기 정도는 잎과 잎이 서로 닿을 정도로 하는 게 좋다. 솎음질한 당근은 버리지 말고 무치거나 볶아서 반찬으로 쓴다. 본디 당근은 잎과 뿌리를 모두 약용과 식용으로 썼다. 잎은 특유의 향이 있어 향신료로 가치가 있다.

⑤ 김매기와 북주기

어릴 때 자라는 속도가 느리면 잡초가 먼저 자라므로 그대로 두면 피해가 크다. 어린뿌리가 다치지 않도록 주의하면서 솎음질할 때 잡초도 같이 뽑아야 한다. 흙이 단단해 뽑기 어려우면 물을 충분히 주고 이튿날 뽑으면 잘 뽑힌다. 또 깻묵이나 쌀겨를 잘 발효시켜 줄 사이에 뿌리고 가볍게 북주기를 한다. 당근은 싹이 트고 40여 일이 지나면 뿌리가 굵어지기 시작하는데, 이때 뿌리 윗부분에 햇빛을 받으면 푸른색을 띤다. 씨를 뿌리고 50~60여 일이 지나 뿌리가 엄지손가락 정도로 굵어지면 뿌리가 보이지 않도록 북주기를 한다.

4) 병과 벌레 막기

당근은 독특한 향기가 있어 적은 면적인 텃밭에서 가꿀 때는 병이나 벌레가 별로 없다. 적당히 물과 거름을 주어 순조롭게 자라도록 하면 걱정할 건 거의 없다. 비가 많이 내릴 때는 뿌리 부분이 물에 잠기지 않도록 도랑을 잘 치면 된다.

5) 거두기와 저장

① 거두기

뿌리가 굵어져 뽑아도 되는 것은 뿌리 어깨가 팽팽하다. 큰 것부터 차례로 뽑아서 쓴다.

늦게까지 밭에 두면 뿌리 표면이 거칠어지고 갈라져 상품 가치가 떨어진다. 씨를 뿌리고 조생종 봄뿌림은 70~80일, 중생종은 90~100일이면 다 자란다. 바깥 잎이 땅에 닿을 정도로 늘어지면 거둘 때라고 보면 된다.

② 저장

당근은 비교적 살이 잘 무르지 않아 저장하기 편하다. 저장조건은 0℃ 저온, 습도가 93~98%로 다습한 곳이 가장 좋은데, 이런 조건이라면 6개월 정도 저장해도 품질이 나빠지지 않는다. 보통 가을 가꾸기 한 것은 움저장법(땅을 파고 저장)을 쓴다. 텃밭에 조금 심었을 때는 생장점(生長点, 잎과 줄기가 붙는 부분)을 자르고 랩으로 싸서 냉장실에 보관하면 된다.

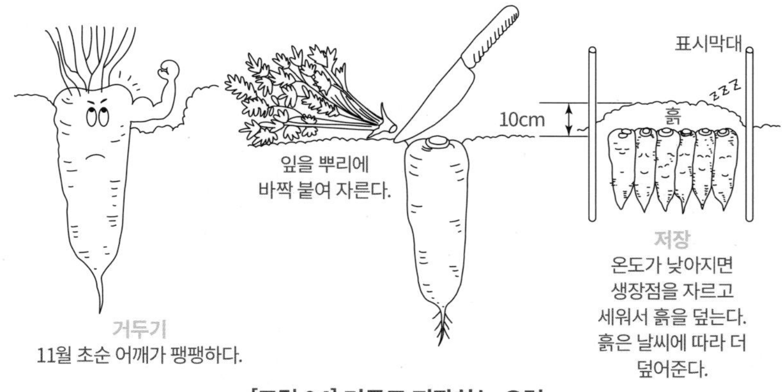

[그림 94] 거두고 저장하는 요령

개구리, 사마귀, 거미

작은 벌레를 찾아 거미, 사마귀, 개구리 등은 밭을 이리저리 돌아다니는데, 이들 해충은 사람에게 이로운 익충(益忠)마저 먹어 치운다. 사마귀는 움직이는 것에 매우 민감해 파리, 모기 등을 닥치는 대로 잡아먹는다. 사마귀 먹이인 꽃거미는 집을 만들지 않고 잎 위에 서식하며 모기나 진딧물을 잡아먹고, 왕거미와 청동거미는 거미줄을 쳐 모기나 파리가 걸리면 체액을 빨아 먹는다. 개구리도 사마귀와 마찬가지다. 평소에는 가만히 있다가 물체가 움직이면 신속하게 행동해 벌레를 잡는다. 양배추에 붙은 청벌레를 비롯해 산란하러 온 모기, 거세미 따위도 개구리 먹이다. 그리고 개구리가 있는 곳에는 뱀이 있는 경우도 있다. 이래서 아무리 좁은 밭이라도 밭은 단순히 채소만 가꾸는 장소가 아니라 여러 생물과 직접 접촉하는 즐거운 곳이다.

CHAPTER 10

감자류

감자류

01

감자

가짓과 / Potato

시기 봄 : 3월 하순에 파종 6월 하순~7월 상순에 수확
가을 : 7월 하순~8월 초순에 파종 10월 수확
재배난이도 보통 **이어짓기** 가능

"한 토막씩 심어 둔 곳에서 90~100일쯤 지나면 아이 주먹만 한 감자알을 5~6개씩 캔다는 일은 여간 신나는 일이 아닐 수 없다. 조금만 신경을 쓰면 누구나 쉽게 가꿀 수 있는 작물이며, 수확량이 고구마 다음으로 많아 실익도 높다. 큰 것은 간식으로, 작은 것은 조림으로 널리 이용해 텃밭에 조금씩 심어보기를 권한다. 주로 봄 재배를 하나 7월 말에서 8월 초에 심어 10월 중·하순에 거두는 가을 재배도 가능하다. 특기할 것은 종자는 매년 고랭지에서 재배해야 바이러스에 감염되지 않고, 그것을 씨감자로 심어야 한다는 점이다."

1) 종류와 품종

요즘 재배하는 감자 품종은 남작, 수미, 대지 등이 있는데, 어느 품종을 선택해도 좋다. 씨감자는 새해 초에 종묘상이나 농업기술센터에 주문해야 믿을 수 있는 것을 구할 수 있다.

2) 가꾸기 알맞은 환경

① 온도

감자는 서늘한 날씨를 좋아해 비교적 낮은 온도에서도 잘 자라고, 감자 알맹이(塊莖, 정확하게는 덩이줄기)가 굵어져야 수확량이 많아진다. 자라는데 알맞은 온도는 10~23℃이다.

② 밭

감자는 말할 필요도 없이 기름진 밭에서 수확량이 많으며, 메마른 땅에서도 그런대로 잘 자란다. 덩이줄기가 잘 자라려면 흙살이 깊고 부드러워야 할 뿐만 아니라 물 빠짐이 좋은 모래참흙이 좋다.

토양산도는 pH6.0~6.5가 알맞으나 산성 땅에서도 그런대로 자라 적응성이 좋다. 그러나 감자는 가짓과 식물이므로 같은 과(고추, 가지, 토마토) 채소를 심었던 밭은 2~3년 돌려짓기해야 안전하다.

3) 가꾸기

① 씨감자 준비

보통 1평에 60㎝ 이랑으로 만들어 한 줄씩 심을 경우 씨감자는 500g 정도 든다. 씨감자 쪽 하나는 40~50g 정도가 알맞은데 감자 1개를 보통 2~3쪽 내서 쓴다. 쪽을 낸 감자는 심은 후 상하는 걸 방지하기 위해 나뭇재를 바르거나 2~3일간 그늘에 말려 상처가 아물도록 한 후에 심는 것이 좋다.

② 밭 준비

날이 풀리는 대로 쌀겨, 가축 두엄, 음식물 찌꺼기 등 발효퇴비를 30평에 150㎏ 정도, 석회는 12㎏ 정도를 뿌리고 30㎝ 정도로 깊이 갈아엎는다. 심기 10여 일 전에 복합비료를 3㎏ 정도를 뿌리고 다시 갈고, 넓이 60㎝ 정도로 높은 이랑을 만들어 비닐로 덮어두면 좋다.

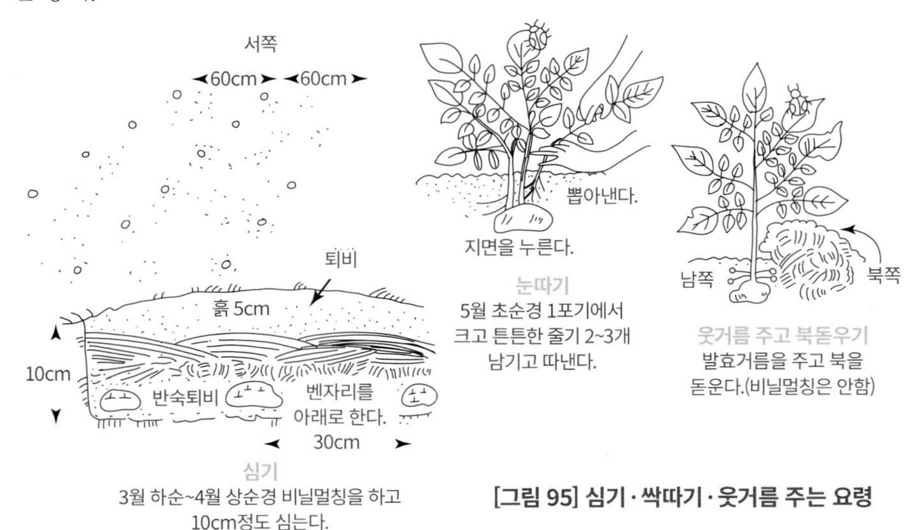

[그림 95] 심기·싹따기·웃거름 주는 요령

③ 씨감자 심기

감자 싹이 서리를 맞으면 피해를 입으므로 싹이 나오는 날짜를 감안해 마지막 서리가 내리는 날에서 20일 전쯤에 심는다. 그러나 비닐 멀칭할 경우는 그보다 10일 정도 더 일찍 심는다.

남부지방은 3월 하순, 중부지방은 4월 초순경이 좋다. 60㎝ 이랑 꼭대기 부분에 25~30㎝ 정도 간격으로 비닐을 뚫고, 흙 속 10㎝ 정도 깊이에 쪽을 낸 자리가 아래로 가도록 심는다.

④ 관리

㉠ 눈(싹)따기

싹은 4월 중·하순경에 나오기 시작한다. 감자 싹이 10㎝ 정도 자라면 굵고 튼튼한 싹 2~3개만 남기고 나머지는 따 버린다. 눈따기할 때는 따낼 싹을 왼쪽 손가락 사이에 내놓고 땅바닥을 손바닥으로 눌러 다른 싹이 다치지 않도록 조심하면서 단숨에 젖혀 따낸다.

㉡ 웃거름 주기

눈따기 작업 후 웃거름을 약간 주면 빨리 자란다. 비닐 씌운 것은 평당 100g 정도로 계산해 감자 포기 옆구리에 조금씩 주고, 비닐을 씌우지 않은 것은 포기 사이에 10㎝ 정도 깊이로 파 웃거름 주기를 하고 흙을 덮는다.

㉢ 북주기

비닐을 씌워 재배하면 그대로 두지만 비닐을 씌우지 않은 곳은 북주기를 2번 정도 하면 감자알이 잘 든다. 처음 싹이 20㎝쯤 자랐을 때 김매기를 하면서 포기 밑에 2~3㎝ 정도 북주기를 하고, 5월 하순경 감자 꽃망울이 맺히면 5~6㎝ 정도 높게 북주기를 한다.

㉣ 꽃망울 따기

꽃망울을 따 버리면 꽃이 필 때 드는 양분이 감자알로 가서 알을 굵게 한다. 재배면적이 넓으면 일손이 많이 들어 번거롭지만 텃밭에 조금 재배할 때는 꽃망울이 맺힐 때 따는 게 좋다.

㉤ 병해충 막기

바이러스에 감염될 수도 있으나 씨감자를 좋은 것으로 쓰고, 고추, 가지, 토마토 등 가짓과 채소와 이어짓기를 하지 않으면 예방할 수 있다. 또 진딧물이나 무당벌레 피해가 있으나 그대로 두어도 큰 문제는 없다.

⑤ 거두기

㉠ 시기

심은 후 대략 90~100일경이면 수확한다.

㉡ 감자 캐기

심은 후 90일이 지나고 아래 잎 2매 정도가 누렇게 되면 캐기 알맞은 때이다. 이보다 더 빨리 감자를 캐고 싶으면 6월 초순경에 포기 아래 흙을 가볍게 파서 큰 감자부터 살며시 캐면 된다. 캐낸 다음에는 흙을 다시 덮어야 한다. 줄기를 뽑으면 감자가 알알이 딸려 나오는데, 흙 속에 남은 감자는 호미로 조심스레 걷어 내 수확한다.

㉢ 저장

감자는 햇빛을 쐬면 푸른색으로 변하고 솔라닌이란 독소가 생기므로 주의해야 한다. 캐낸 감자는 날씨가 좋을 때는 밭에 몇 시간 두어도 괜찮고, 바람이 잘 통하는 그늘진 창고에 2~3일 말리며 감자에 묻은 흙을 털어 버리고, 작은 구멍이 뚫린 상자에 넣어 보관한다.

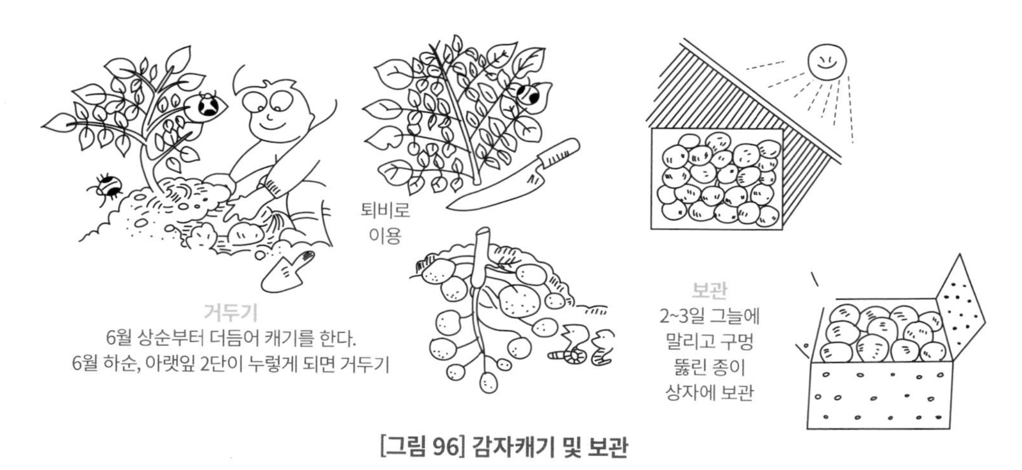

[그림 96] 감자캐기 및 보관

감자류

02

고구마

메꽃과 / Sweet Potato

시기 5월 중·하순에 심어 10월에 수확

재배난이도 대체로 쉽다 **이어짓기** 연작하면 품질 향상

"생활이 어려웠던 시절, 기성세대라면 누구나 고구마를 거의 주식으로 삼으며 살았던 기억이 있을 것이다. 고구마는 작물 중 단위면적당 수확량이 가장 많고 영양가도 높아 주식과 간식으로 이용하고, 어느 땅에서건 잘 자라 재배하기 쉬워 고마운 구황작물이다. 채소로서 고구마는 좀 특이하다. 일반적인 채소는 씨앗을 뿌리거나 뿌리가 좋은 모종을 옮겨심기하지만, 고구마만은 뿌리 없이 줄기를 그대로 땅에 꽂아 심는다. 또 보통 작물은 이어짓기하면 병해충이 심해지기 때문에 한 번 심으면 몇 년씩 돌려짓기해야 하지만, 고구마는 이어짓기할수록 품질이 좋아지는 특징이 있다. 또 땅 힘이 어느 정도만 있으면 비료를 주지 않아도 잘 자라기 때문에(고구마가 비료를 빨아들이는 힘이 강하다는 뜻) 새로 일군 개간지에는 으레 첫 작물로 고구마로 심는 게 상식이다. 그리고 모든 식물은 매년 꽃을 피우는 것이 당연하나 고구마는 신기할 정도로 꽃을 잘 피우지 않는다. 이상하게 들릴지도 모르지만, 고구마 꽃이 피면 자라는 흙이나 기상이 비정상이라는 뜻으로 받아들여도 무리는 아니다. 또 고구마는 메꽃과에 속하는데 나팔꽃과 같은 과다. 꽃은 작은 나팔꽃 같은데 색깔이 엷은 분홍색이다. 고구마는 전분과 당분이 많고, 비타민 A, B, C 등을 함유하고, 특히 붉은색이나 노란색 고구마는 비타민 A가 많다. 잎줄기는 반찬으로 많이 사용하고, 특히 변비 예방에 탁월한 효과가 있다. 고구마 줄기나 뿌리를 자르면 나오는 하얀 액체는 얄라핀(jalapin)이라는 물질로 공기와 접촉하면 검은색으로 변하기 때문에 고구마밭에서 일하다 보면 손바닥이 검게 된다."

1) 종류

우리가 주로 먹는 고구마는 굵게 성장한 뿌리이다. 이를 학술상으로 덩이뿌리(괴근, 塊根)라고 하는데, 감자는 줄기가 굵어져 열리는 덩이줄기(괴경, 塊莖)라 서로 다르다.
고구마는 밤고구마와 그렇지 않은 것이 있는데, 요즘 품종은 대부분 밤고구마이며 껍질이 짙은 붉은색이 인기가 있다.

2) 가꾸기 알맞은 환경

① 온도

고구마는 열대지방이 원산지로 높은 온도를 좋아한다. 온도는 최저 15℃는 되어야 하고 35℃까지 올라가면 잘 자란다. 햇빛도 많은 것을 좋아해 그늘진 곳에서는 뿌리가 잘 자라지 않는다.

② 밭

흙에 대한 적응성이 작물 가운데 가장 뛰어나 햇빛이 잘 들고, 물기나 비료기가 너무 많지 않은 땅이라면 별문제 없이 잘 자란다. 물기와 비료기가 너무 많으면 잎줄기만 무성하고, 뿌리도 굵어지지 않고 길쭉해져 밤고구마가 되지 않을 뿐만 아니라 뿌리가 갈라져 보기 흉하다. 물 빠짐이 좋고 흙 속에 공기 유통(통기성, 通氣性)이 좋아야 품질 좋은 고구마를 수확한다.

3) 가꾸기

① 밭 준비

고구마는 높은 온도를 좋아하므로 평균온도가 20℃ 이상일 때 심어야 뿌리를 잘 내린다. 보통 남부지방은 5월 상순경부터, 중부지방은 5월 중순부터 심어야 하기 때문에 그 전에 밭 준비를 해야 한다. 땅이 풀리면 퇴비나 거친 풀, 채소 잎이나 뿌리 등을 가리지 말고 밭에 넣고, 석회비료도 30평당 12㎏ 정도 뿌리고, 최대한 깊이 파 뒤집어 흙을 부드럽게 한다. 비료는 많이 주면 안 되므로 복합비료를 30평당 3㎏ 정도를 주고 뒤집어 엎은 후 높은 이랑을 만든다.

이랑 폭은 40㎝ 정도, 높이는 30㎝쯤 되게 둥근 산 모양으로 만들어 놓으면 물 빠짐과 통기성이 좋아 고구마가 실하게 열린다. 고구마는 흙이 좀 마른 곳에서 자라면 맛이 좋으므로 흙이 비로 말미암아 굳어지지도 않고, 잡풀도 나지 않도록 검은 비닐로 이랑 전체를 씌우면 좋다.

② 모종 준비

재배면적이 넓을 때는 비닐하우스 안에 모판을 만들어 모종을 길러야 하지만 텃밭에 조금 심을 때는 사서 심는 게 편하다. 모종을 심을 때 남부지방은 고구마를 드물게 심어 덩굴을 길게 기르기 때문에 4~5마디씩 토막 내 심는 것이 일반적인데, 중부지방에서는 촘촘하게 심어 싹이 20㎝ 정도 자라면 그대로 잘라 모종으로 쓴다. 모종을 고를 때는 뿌리가 없으므로 잎이 싱싱하고 마디 사이가 짧고 줄기가 굵은 것이 좋다.

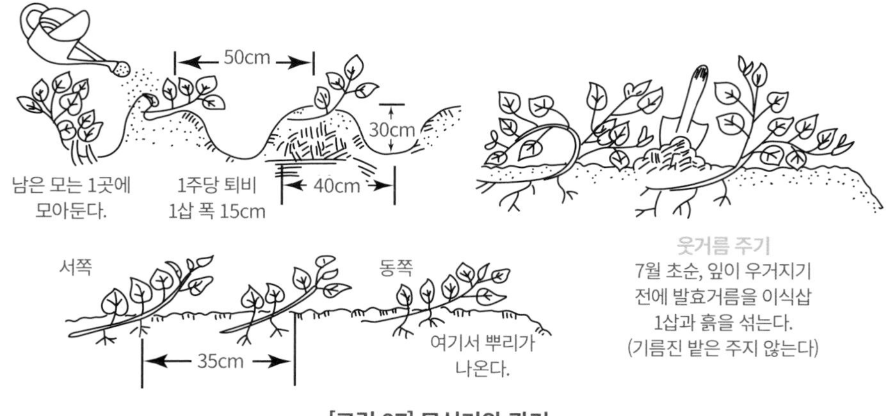

[그림 97] 묘심기와 관리

③ 모종 심기

모종은 5월 중·하순경에 심으면 좋은데 자연조건에 의지할 경우 비가 와야 하므로 더 늦어질 수도 있다. 고구마 모종은 뿌리가 없기 때문에 심을 때 건조하면 말라 죽을 수도 있으므로 물을 줘야 한다. 모종을 심기 직전에 이랑 위쪽에 20~25㎝ 간격으로 심을 구덩이를 직경 10㎝, 깊이 5㎝ 정도로 판다. 이 구덩이에 깨끗한 물 500cc 정도(작은 우유 팩 2개)를 주고 물이 스며든 후 모종을 1개씩 비스듬히 심고 다시 물을 준다. 심을 때 잎이 겹치지 않게 모두 흙 위로 나오도록 해야 하고, 모종은 아래에서 5마디쯤 흙에 잠기는 게 좋다. 시장에서 산 모종은 심기 1시간쯤 전에 줄기 아래 1㎝쯤을 잘라버린 즉시 아랫부분이 5㎝ 정도 잠기도록 물에 담갔다가 심으면 뿌리내림이 빠르다. 또 줄기 아래를 다듬은 모종을 흐르는 물에 5㎝ 정도 깊이로 2~3일 담가 두면 뿌리가 나오기 시작하는데, 이때 심어도 뿌리내림이 아주 빠르다.

④ 관리

심은 후에는 별다른 관리를 하지 않아도 되지만 잡초가 날 때는 가볍게 흙을 긁으면 된다. 검은 비닐을 씌웠으면 그대로 두고 웃거름을 줄 필요도 없다. 병해충도 거의 없으므로 신경 쓸 필요가 없다. 8~9월에 잎줄기가 무성하면 반찬용으로 잘라 쓴다.

⑤ 고구마 캐기

서리가 내리기 전에 캐도록 한다. 중부지방은 10월 상·중순까지, 남부지방은 10월 하순까지다. 줄기 아래쪽을 잘라 덩굴을 걷어 내고, 비닐을 씌웠으면 비닐 조각이 남지 않도록 모두 걷어 내고, 호미로 가볍게 흙을 파면서 캔다. 수확하기 전에 줄기를 들고 흙 속에 손을 넣어 더듬어 큰 고구마만 뽑고, 그 자리를 흙으로 메우면 남아 있는 고구마 자람이 오히려 더 좋다. 캐낸 고구마는 몇 시간 동안 햇빛에 말려 흙을 털어버리고 그늘진 창고에서 2~3일 더 말린다. 그러고 나서 마분지 상자에 담아 14℃ 이상 되는 따뜻한 곳에 두면 겨울도 넘긴다. 이때 고구마 껍질이 벗겨지거나 살이 다치지 않아야 저장성이 좋으니 주의해야 한다.

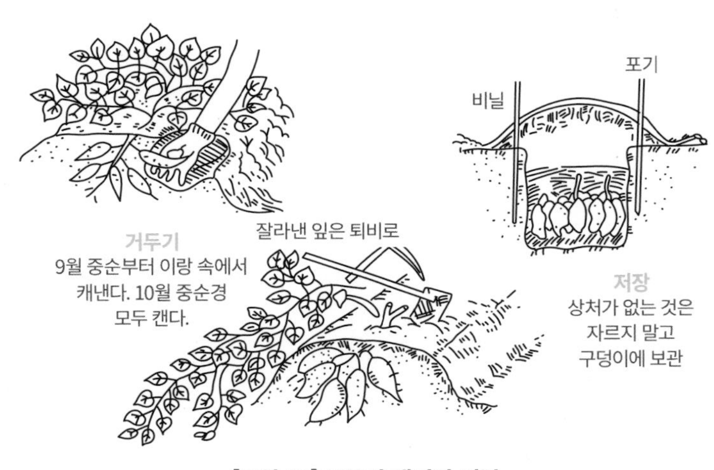

[그림 98] 고구마 캐기와 저장

⑥ 덩굴 처리

고구마 덩굴은 양이 많은데, 버리지 말고 대충 잘라 텃밭에 뿌리고 흙으로 덮어 두면 좋은 거름이 된다.

⑦ 병·벌레 막기

고구마는 병이나 벌레가 없다고 해도 과언이 아닐 정도로 생육이 강하므로 이 문제는 전혀 장해가 되지 않는다.

감자류

03

토란

토란과 / Taro

시기 4월 중·하순에 심어 10월 중순에 수확
재배난이도 보통 **이어짓기** 싫어함, 3~4년 돌려짓기

1.5m 정도까지 자라는 푸르고 굵은 대(잎줄기) 위에 펼쳐진 큼직하고 윤기가 나는 푸른 잎은 시원한 남국의 정서를 연상시킨다. 우리나라 동국이상국집(東國李相國集)과 농가월령가(農家月令歌)에 등장하는 토란국은 예로부터 추석(秋夕) 때 절식(節食)으로 유명하고 차례상에도 오르는 전통음식이다. 인도가 원산지로 가꾸기 쉬워 텃밭에 조금씩 심어 온 채소이다. 토란 100g에 탄수화물 12.8g, 단백질 2.6g, 지질 0.2g이 들어 있고, 열량은 60kcal, 그 외에도 인, 칼슘, 니아신 등이 든 영양식품이다.

1) 종류

예로부터 농가 텃밭에서 조금씩 가꾸어 별다른 품종은 없다. 봄날 시장에서 산 것 가운데 맛이 좋고 눈이 나온 것을 씨 토란으로 이용해도 아무 문제가 없다.

2) 가꾸기 알맞은 환경

열대지방인 인도가 원산지라 온도가 높고 습기가 많은 환경을 좋아한다. 땅은 그리 가리지 않지만 햇빛이 잘 들고 물기와 거름기가 있는 곳이라면 더할 나위가 없다.

3) 가꾸기

① 씨 토란 준비

지난해에 거둔 것 가운데 싹이 크고 튼튼한 것을 골라 쓰며, 없을 때는 종묘상이나 시장에서 사서 써도 된다.

② 밭 준비

토란은 이어짓기를 싫어하므로 3~4년 동안 재배하지 않을 땅이 좋다. 잘 썩은 퇴비와 석회를 충분히 주고 깊이 갈아 흙을 부드럽게 하고, 심기 7일쯤 전에 복합비료를 30평당 5kg 정도 뿌리고 다시 흙과 잘 섞어 이랑을 만든다. 이랑은 넓이 1.2m, 높이 5㎝ 정도로 얕게 만든다.

③ 심기

4월 중·하순경 1.2m 이랑에 2줄로 심는다. 심는 간격은 줄 사이 80㎝ 정도, 포기 사이

50㎝ 정도로 하고, 싹이 튼 씨 토란을 똑바로 심고 흙을 3~5㎝ 깊이로 덮는다. 한 줄로 심을 때는 80㎝ 이랑 중앙에 심고 포기 사이는 40~50㎝로 한다.

씨 토란은 심기 전에 싹 가운데서 크고 튼튼한 것 한 개만 남기고 약하고 작은 것은 모두 없앤다. 그래야 뒤에 곁눈을 제거할 때 일손을 던다.

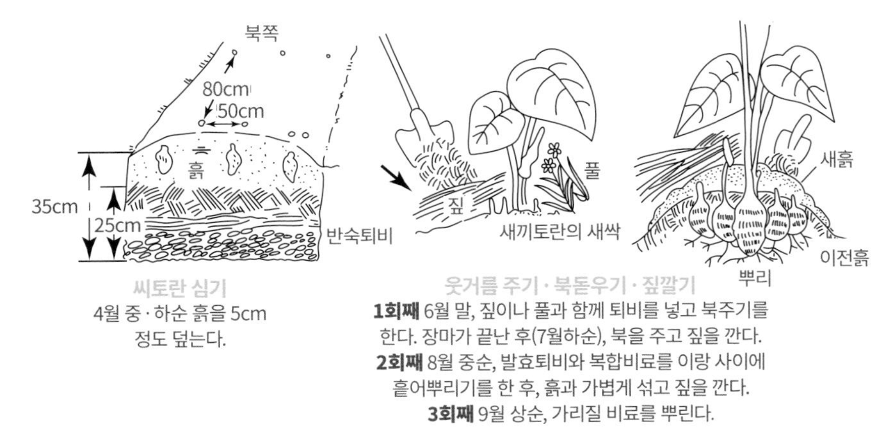

[그림 99] 씨토란 심어 가꾸기

④ 관리

㉠ 곁눈 따기

토란 싹은 5월 중순경부터 나오며 중앙에서 굵고 튼튼한 싹이 나오면 그 주위에서도 작은 싹이 여럿 나온다. 부드럽고 맛있는 토란을 수확하기 위해서는 곁에서 나오는 작은 눈을 6월 하순까지 모두 따면 7월부터는 새끼 토란에서 작은 눈이 나오는데, 이것도 모두 따는 것이 좋다.

㉡ 웃거름 주기와 북주기

6월 말쯤 발효퇴비를 한 포기당 한 삽 정도 포기 옆에 빙 돌아가며 뿌리고 흙으로 덮는다. 8월 중순경에 다시 이랑 양쪽으로 발효퇴비 한 삽을 나눠 주어 새끼 토란이 잘 자라게 한다.

㉢ 물 주기

토란은 물기가 많은 것을 좋아하기 때문에 흙이 마르지 않도록 싹이 난 후 짚이나 풀, 퇴비를 이랑 위에 덮고 물을 준 다음 흙으로 가볍게 덮는다. 장마가 끝나는 7월 말부터는 짚이나 신문지를 깔고 북주기하는 일이 번거롭기는 하지만 질 좋은 토란을 거두기 위해서는 빠뜨릴 수 없는 작업이다.

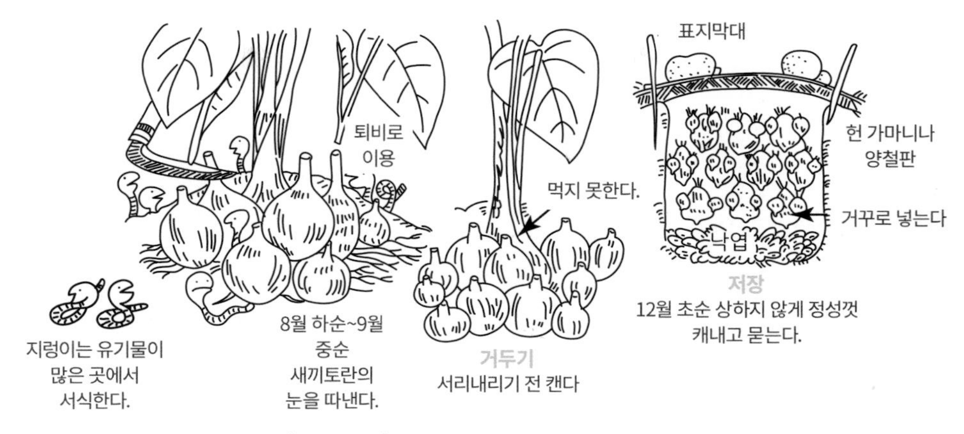

[그림 100] 토란 눈따기·거두어 저장하기

⑤ 병·벌레 막기

진딧물이 생기기도 하나 큰 문제가 아니므로 그대로 두어도 된다.

⑥ 토란 캐기 및 갈무리

10월 초순부터 토란을 캐기 시작하나 중순 이후에 캐면 맛이 더 든다. 그러나 서리를 맞으면 안 되므로 그 전에 캐야 한다. 토란을 캘 때는 어미 토란에 새끼 토란을 붙인 채 정성껏 캔다. 갈무리할 토란 중에서 어미 토란에서 떨어진 새끼는 상하기 쉬우므로 최대한 어미 토란에 붙인 채 흙도 털지 말고 그대로 둔다.

남부지방에서 2~3포기 정도를 갈무리할 때는 발포 스티로폼 상자에 넣어 뚜껑을 닫아 따뜻한 곳에 두면 된다. 양이 많으면 땅에 구덩이를 파고, 바닥에 볏짚이나 낙엽을 10㎝ 정도 깔아 찬 기운이 올라오는 것을 막고, 그 위에 차곡차곡 쌓고 흙을 30㎝ 정도 덮으면 된다. 토란은 고구마나 생강처럼 더운 지방에서 자라는 작물이므로 저장온도도 14℃ 이상이 되어야 안전하다. 땅에 구덩이를 파고 갈무리할 때 흙을 처음에는 30㎝ 정도 덮어도 되지만, 12월 중·하순에 날씨가 추워지면 흙을 20㎝ 정도 더 덮어야 한다. 가능하면 흙 위에 볏짚으로 이엉을 엮어 두툼하게 덮으면 눈이나 빗물이 들어가지 못하고, 보온 기능도 해서 안전하다. 거둔 토란 줄기는 껍질을 벗기고 속을 잘게 찢어 햇볕에 잘 말려 두었다가 요리재료로 쓴다. 토란대 껍질을 벗길 때는 대에서 나오는 진액에 주의해야 한다. 옷에 묻으면 세탁해도 여간해서 지워지지 않는다.

⑦ 토란국 끓이는 요령

우리나라 고유의 명절인 추석 절식으로 차례상에도 오르는 토란국 만드는 요령을 소개한다.

㉠ 먼저 토란 껍질을 벗기고 물에 씻어 큰 것은 반으로 잘라 끓는 쌀뜨물에 데치면 미끈거리지 않는다.

㉡ 다시마를 깨끗이 닦아 썰고, 파는 다듬어 씻은 뒤 썬다.

㉢ 소고기는 먹기 좋은 크기로 썰어 양념해 냄비에 넣어 볶다가 물을 넉넉히 붓고 맑은 장국을 끓인다.

㉣ 국이 끓으면 토란과 다시마를 넣고 토란이 익을 때까지 끓이다가 맑은 간장으로 간을 맞추고 파를 넣어 다시 끓인다.

㉤ 위와 같이 해 토란국이 다 되면 먹는 사람 입맛에 따라 후춧가루를 쳐서 먹는다.

감자류

04

생강

생강과 / Ginger

시기 4월 중·하순~10월 상·중순

재배난이도 좀 어렵다 **이어짓기** 2~3년 재배 후 돌려짓기

“ 서남아시아가 원산지인데 그곳에서는 여러해살이풀로 온도가 높아야 잘 자란다. 그러나 우리나라에서는 1년생이다. 김치 담그는 데 없어서는 안 될 뿐만 아니라 한약재로도 쓰이고, 생선 비린내를 없애는 등 여러 용도로 쓰인다. 우리가 쓰는 생강은 땅속에서 발달한 덩이줄기로 황색 또는 불그스레한 색이다. 잎은 댓잎처럼 길쭉한 것이 30㎝ 정도 되는데, 밑부분은 풀처럼 길게 줄기를 감싸고 있다. ”

1) 품종

재배한 지는 오래되었으나 덩이줄기로 영양번식만 해서 품종은 많지 않고, 크기에 따라 작은 생강, 중간 생강, 큰 생강으로 부른다. 우리나라는 보통 작은 것과 중간 것을 심는다. 근래 중국산 생강 수입이 많이 늘어나 우리나라 생강재배 농가를 위협하고 있는데, 생강이 우리나라 재래종보다 2배 정도 커 외관상 좋으나 매운맛은 거의 없어 맛과 질이 떨어진다.

2) 가꾸기 알맞은 환경

높은 온도를 좋아해 18℃ 이상이 되어야 싹이 트고, 자라는 데는 20~30℃이며, 15℃ 이하에서는 자라지 못하고 10℃ 이하가 되면 얼어서 썩어 버린다. 밭은 퇴비 성분이 많고 물 빠짐이 좋으면서도 물을 함유하는 기름진 참흙이 좋다. 토양산도는 pH6.0 전후가 좋다.

3) 가꾸기

① 밭 준비

거름을 충분히 주어야 많이 생산할 수 있으므로 30평당 퇴비는 150kg, 고토석회 12kg, 복합비료 15kg 정도를 주고, 25㎝ 깊이로 갈아 잘 섞는다. 심기 1주일 전에 폭 50㎝ 정도 이랑을 만들고, 이랑 가운데 깊이와 폭이 각 10㎝인 긴 골을 파고, 다시 퇴비를 2㎝ 두께로 깐 다음 흙을 1~2㎝ 덮는다.

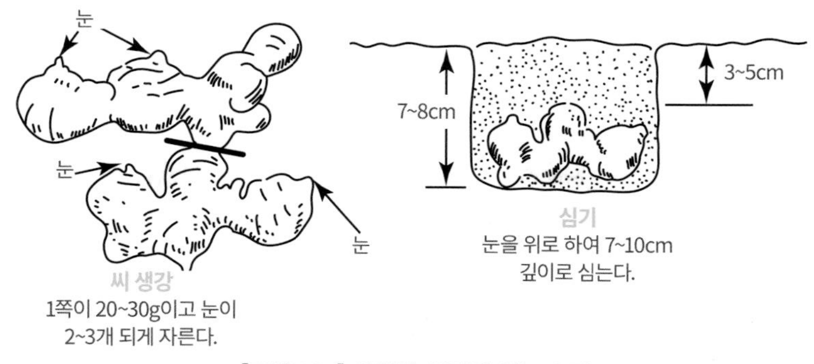

[그림 101] 씨생강 준비와 심는 요령

위와 같이 하면 좋기는 하나 번거로우므로 생강 주산지인 태안·당진·서산 지방이나 김포에서는 100㎝ 이랑을 만들고 줄 사이 40㎝, 포기 사이 30㎝로 심는다.

② 심기

생강은 심은 후 싹이 나오는데 보통 20~30일이 걸리므로 남부지방은 4월 중순경, 중부지방은 4월 하순경에 심는다. 생강 씨는 시장에서 산 것도 별문제가 안 되니 단단하고 눈이 충실한 것을 골라 쪽 하나가 20~30g 정도 되게 잘라 심는다. 생강 씨는 등이 위로 가도록 해 20㎝ 간격으로 심고 흙을 3~4㎝ 정도 덮는다. 그 위에 왕겨나 자른 짚을 2~3㎝ 덮어 건조와 잡초가 나는 것을 막는다. 왕겨나 짚을 구할 수 없으면 신문지를 여러 겹 덮고 다시 투명한 비닐을 덮으면 된다.

③ 관리

㉠ 웃거름 주기와 북주기

생강은 싹트는 기간이 25~30일 정도로 오래 걸린다. 싹이 트면 덮었던 신문지와 비닐을 벗기고, 포기 사이에 김매기를 한 후 퇴비를 뿌리고 3㎝ 정도 북주기한다. 그 후 30~40일이 지나서 줄기가 자라면 포기 가까이 5㎝ 정도에 두 번째 웃거름을 주고 5~6㎝ 정도 북주기한다. 생강이 자라면 밖으로 나오기도 하니 뿌리(덩이줄기)가 실하게 자라도록 북주기를 잘해야 한다.

㉡ 김매기

생강은 줄기가 어느 정도 무성해지려면 2개월 이상 걸리므로 그 사이에 잡초가 나는 것을 막도록 김매기를 해야 한다. 김매기는 북주기와 겸하면 된다.

ⓒ 물 주기

생강 뿌리는 아주 얕게 뻗어 가는 천근성(淺根性)이며, 뿌리가 약하므로 날씨가 가물거나 땅이 마를 때는 저녁때 물을 충분히 주어야 뿌리가 굵어진다. 요즘은 일손이 적어 위와 같은 여러 단계를 생략해 버리고, 생강을 심고 볏짚을 깔면 그대로 두기 때문에 북주기는 거의 하지 않는다. 그러나 텃밭에 가꿀 때는 생략하지 말고 꼼꼼히 하면 잘 자라고 수확량도 많다.

4) 거두기 및 갈무리

① 거두기

보통 재배에서는 8~9월에 매운맛이 적은 잎생강으로 조금씩 뽑아 쓰고, 그 후 서리가 내릴 때 매운맛이 많은 뿌리 생강을 거둔다. 기온이 10℃ 이하면 생리적 동해로 썩을 우려가 있으니 서리가 내리기 전에 캐도록 주의한다. 생강 수확량은 우리나라를 평균으로 한 평에 3~4kg 정도이다.

② 갈무리

생강 저장 적온은 13~16℃이다. 18℃ 이상 온도에 오래 두면 싹이 트고, 20℃ 이상이나 10℃ 이하에서도 썩는다. 적당한 습도는 90~95%이다.

일 년 내내 온도가 거의 일정한 땅속에 굴을 파서 비나 물이 들어가지 않도록 하고 갈무리하는 게 좋다. 텃밭에서 재배한 것은 앞에서 설명한 갈무리하는 요령을 참고하면 된다. 주의할 점은 토란이나 생강은 절대로 냉장고에 넣어서는 안 된다. 얼어서 상해버리기 때문이다.

주요 채소성질과 재배요점

작물	토양 산도 (pH)	발아 적온 (℃)	생육 적온 (℃)	육묘 일수 (일)	작당 알 숫자 (알)	10a당 파종량	심는 거리 (㎝)
고추	5.4~6.7	25~30	낮 25~30, 밤 16~20	90	1,300~ 1,600	4~5작	90×35~40
토마토	6.2~6.7	25~30	낮 20~30, 밤 10~15	60	1,400~ 1,500	3~4작	90×45
봄오이	5.7~7.2	25	낮 25, 밤 17	30~40	500~550	1홉	90×35~45
여름오이	5.7~7.2	25	낮 25, 밤 17	20~30	350	1.5홉	90×35~45
억제오이	5.7~7.2	25	낮 25, 밤 17	20~30	400~450	1.2홉	90×35~45
수박	5.0~6.8	25~30	낮 25~30, 밤 18	30~40	200~230	4~5작	300×60, 180×120
참외	6.0~6.8	25~30	낮 25~28, 밤 18	30	800~1,000	2~3작	180×60
쥬키니 호박	5.0~6.8	25~30	낮 15~20, 밤 10	20~30	60~80	4~5홉	120×45
애호박	5.0~6.8	25~30	낮 20~25, 밤 15	30	60~80	1.5홉~ 2홉	180×90
봄무	5.8~6.8	20~25	15~20	30~40	(15,000~ 20,000)	3~4홉	60×20~25
여름무	5.8~6.8	20~25	15~20	-	(10,000~ 13,000)	4~5홉	60×20~25
가을무	5.8~6.8	20~25	15~20	-	조선 (10,000~ 12,000) 왜 (8,000~ 10,000)	4~5홉	60×20~25

작물	토양 산도 (pH)	발아 적온 (℃)	생육 적온 (℃)	육묘 일수 (일)	작당 알 숫자 (알)	10a당 파종량	심는 거리 (㎝)
총각무	5.8~6.8	20~25	15~20	-	(10,000~ 12,000)	10~15홉	12×12, 15×15
봄배추	6.3~7.3	20~25	15~20	30	4,000~ 4,500	3~4작 (직파 7~8작)	70~80×45~50
여름배추	6.3~7.3	20~25	15~20	20~25	4,000~ 4,500	3~4작 (직파 7~8작)	70~80×45~50
가을배추	6.3~7.3	20~25	15~20	20~25	4,000~ 4,500	3~4작 (직파 7~8작)	70~80×45~50
양배추	6.0~7.0	25	20	25~30	3,500~ 4,000	3작 (직파 5~6작)	70×45
양파	6.0~7.0	20	20	60	(25,000~ 30,000)	4~5홉	12×12~18×18
파	5.4~7.4	20	15~20	60~65	(30,000~ 35,000)	6~10홉	75×6~9
당근	6.0~6.5	25	18~21	-	무5,000, 무모10,000	4~5홉	60×12
시금치	6.3~7.0	20	15~20	-	환11,000, 침4,400	20~30홉, 40~50홉	120×5×5줄
상추	6.6~7.2	20(변온)	15~20	-	7,500	5~6작	12×15
가지	6.0~7.2	25~ 30(변온)	낮 23~28, 밤 16~20	60~70	1,500~ 1,800	4~5작	90×60
옥수수	5.0~6.5	30~35	32	20~25	(600)	육묘 15홉, 직파 25홉	시설 60×30, 노지 150×45×2줄
완두	6.5~8.0	-	11~20	20~25	1ℓ 2,500립	9~17ℓ	60×20, 30×20

참고문헌
무농약 채소(오성출판사), 고소득 채소 시설재배(오성출판사), 채소학(방송통신대학교),
채소재배(농춘진흥청), 채소병해충(농촌진흥청), 친환경 농업(김포시 농업기술센터),
유기농업의 이론과 실제(농협), 유기농업 자연농업(농협)

텃밭 채소재배 개정판

2014. 01. 15 **수정증보판 1쇄 발행**
2020. 11. 30 **개정판 1쇄 발행**

엮은이 유철성
발행인 김중영
발행처 오성출판사
주소 서울시 영등포구 양산로 178-1
전화 02. 2635. 5667~8
팩스 02. 835. 5550
홈페이지 www.osungbook.com
출판등록 1973년 03월 02일 제13-27호
디자인 커뮤니케이션 디오 (02.302.9196)
ISBN 978-89-7336-843-3

이 도서의 국립중앙도서관 출판예정도서목록(CIP)은 서지정보유통지원시스템 홈페이지(seoji.nl.go.kr)와 국가자료종합목록 구축시스템(kolis-net.nl.go.kr)에서 이용하실 수 있습니다.
(CIP제어번호 : CIP 2020050383)